ACTUALITÉS SCIENTIFIQUES
Publiées par M. L'abbé MOIGNO

PREMIÈRE SÉRIE. — N° 46.

L'UNIVERS SANS DIEU

Formule dynamique générale des Mondes et des Êtres

LA RÉVERSION OU LE MONDE A L'ENVERS

Par M. Philippe BRETON

L'ŒUVRE DE DIEU

Corrigée par LAPLACE

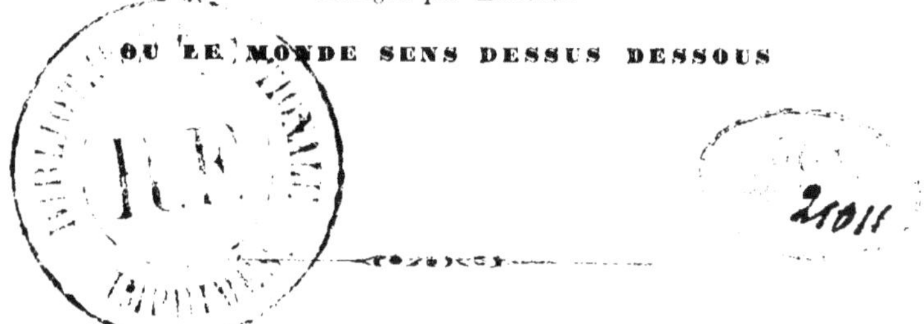

PARIS

LIBRAIRIE DES *MONDES* | GAUTHIER-VILLARS
18, RUE DU DRAGON | 55, QUAI DES AUGUSTINS

1876

PRÉFACE DE L'ÉDITEUR

Laplace, *Essai philosophique sur les probabilités*, page 3, seconde édition, Paris, 1814, a écrit cette phrase ambitieuse et nuageuse : « Une intelligence « qui, pour un instant donné, connaîtrait toutes les « forces dont la nature est animée, et les situations « respectives des êtres qui le composent, si d'ailleurs « elle était assez vaste pour soumettre ces données à « l'analyse, embrasserait dans la même formule les « mouvements des plus grands corps de l'univers et « ceux du plus léger atome. Rien ne serait incertain « pour elle, et l'avenir comme le passé seraient pré- « sents à ses yeux. L'esprit humain offre dans la per- « fection qu'il a su donner à l'astronomie UNE FAIBLE « ESQUISSE de cette intelligence. »

Rien n'indique ici que l'illustre géomètre ait prétendu comprendre dans sa gigantesque formule les êtres et les phénomènes des quatre règnes de la nature :

minéral, végétal, animal et humain. Mais parce qu'il était athée d'aspiration et qu'il étendait sa théorie des probabilités même aux actes libres, il est infiniment probable, hélas! que, dans son esprit du moins, il n'assignait aucune limite à son audacieuse équation. Il a d'ailleurs, dans un autre passage célèbre de ce même ouvrage, nié par trop brutalement la distinction des effets et des causes, pour qu'on puisse essayer d'amoindrir la portée de sa fatale synthèse. « Tous les « événements, ceux mêmes qui, par leur petitesse, « semblent ne pas tenir aux grandes lois de la nature, « en sont une suite aussi nécessaire que les révolutions « du soleil. Dans l'ignorance des liens qui les unissent « au système entier de l'univers, on les a fait dé- « pendre des causes finales ou du hasard, suivant « qu'ils arrivaient ou se succédaient avec régularité « ou sans ordre apparent; mais ces CAUSES IMAGI- « NAIRES ont été successivement reculées avec les « bornes de nos connaissances, et disparaissent en- « tièrement devant la saine philosophie, qui ne voit « en elles que l'expression de l'ignorance où nous « sommes de leurs véritables causes !!! »

En tout cas, c'est ainsi que l'équation de Laplace a été et qu'elle est universellement entendue par la science émancipée de notre époque.

Par exemple, le trop célèbre Haeckel, *Revue des cours publics*, livraison du 19 mars 1870, fait dire au fameux Thomas Huxley : « Tous les êtres, animés et « inanimés, sont le résultat des forces appartenant à

« la nébuleuse primitive de l'univers. Si cela est
« vrai, il n'est pas moins certain que le monde actuel
« existait virtuellement dans la vapeur cosmique, et
« qu'une intelligence suffisante, connaissant les pro-
« priétés des molécules de cette vapeur, aurait pu
« prédire, par exemple, l'état de la faune de la
« Grande-Bretagne en 1869, avec autant de certitude
« qu'on peut dire ce que deviendra la vapeur de
« l'haleine par un hiver. »

Un autre savant, libre penseur excessif, le bruyant
M. du Boys-Raymond, n'a pas hésité, non plus, à tirer
des prémisses de Laplace cette conclusion extrava-
gante.

« En effet, de même que l'astronome n'a besoin
« que de donner au temps, dans les équations de la
« lune, une certaine valeur négative pour savoir si,
« lorsque Périclès s'embarquait pour Épidaure, une
« éclipse du soleil était visible au Pirée, de même,
« l'intelligence conçue par Laplace pourrait, en dis-
« cutant la formule universelle, nous dire QUI FUT LE
« MASQUE DE FER, comment et où périt La Pérouse.
« De même que l'astronome peut prédire de longues
« années à l'avance le jour où une comète reviendra
« du fond de l'espace se montrer dans nos parages,
« de même cette intelligence pourrait lire dans ses
« équations le jour où la croix grecque reprendra sa
« place sur la coupole de Sainte-Sophie, et celui où
« l'Angleterre brûlera son dernier morceau de
« houille. Il lui suffirait de faire $t = -\infty$, dans sa

« formule, pour que le mystérieux état originaire des
« choses se dévoilât à ses yeux. Elle verrait alors,
« dans l'espace infini, la matière soit déjà en mou-
« vement, soit inégalement distribuée ; car si la ré-
« partition de la matière avait été à l'origine absolu-
« ment uniforme, l'équilibre instable n'aurait jamais
« été troublé. En faisant croître t positivement, et à
« l'infini, elle apprendrait si un espace de temps fini
« ou infini nous sépare encore de cet état final d'im-
« mobilité glacée dont le théorème de Carnot menace
« l'univers. Une pareille intelligence saurait le
« compte des cheveux de notre tête, et pas un passe-
« reau ne tomberait à terre à son insu : prophétisant
« dans le passé comme dans l'avenir, cette intelli-
« gence s'appliquerait cette parole de d'Alembert,
« dans le discours préliminaire de l'*Encyclopédie*,
« parole qui contient en germe la pensée de Laplace :
« L'univers, pour qui sait l'embrasser d'un seul point
« de vue, ne serait, il est permis de le dire, qu'un
« fait unique et une grande vérité. »

Nous n'avons donc rien exagéré en affirmant que
la mécanique générale et la fameuse équation de Laplace, sont la source et l'expression dernière des
théories matérialistes et fatalistes du Monde et des
Mondes de l'école positiviste et rationaliste du dix-
neuvième siècle ; source où ils puisent tous leurs
dogmes insensés de l'éternité de la matière et de la
vie, du transformisme ou de l'évolution, de la nécessité et de la fatalité de tous les actes humains, etc., etc.

Au fond, rien de plus absurde, mais aussi rien de plus spécieux et de plus propre à endormir les intelligences que la foi effraye et inquiète, sur lesquelles les mathématiques exercent une fascination contagieuse, une sorte d'hypnotisme séducteur.

Un de mes amis, ingénieur en chef des ponts et chaussées, mathématicien habile, penseur profond, logicien exercé, M. Philippe Breton, de Grenoble, a réussi tout récemment à faire ressortir de la manière la plus piquante l'absurdité de la théorie dynamique du monde ou des mondes, dans un mémoire qui a pour titre : DE LA RÉVERSIBILITÉ DE TOUT MOUVEMENT PUREMENT MATÉRIEL, auquel j'ai donné une place d'honneur dans les *Mondes* (livraisons des 2, 9, 16 et 23 décembre 1875), et qui a vivement frappé plusieurs savants distingués qui l'ont lu. Voici au fond la pensée fondamentale de cette dissertation, sa substance, en quelque sorte, si je puis m'exprimer ainsi.

La théorie mécanique des mondes et la formule de Laplace admises, tout atome, toute molécule, tout être considéré dans l'espace et dans le temps, décrit équivalemment une courbe continue; or tout mouvement continue est essentiellement réversible : c'est-à-dire qu'on est rigoureusement en droit de concevoir que l'atome, la molécule, l'être, revienne sur ses pas et parcoure, en sens contraire, le chemin déjà parcouru; de telle sorte aussi que tous les phénomènes du monde et des mondes puissent et doivent se reproduire en sens contraire, donnant ainsi naissance à un monde renversé ou à rebours, le plus étrange qu'on puisse imaginer, et qui devient lui-même une démonstration par l'absurde, extrêmement frappante, de la fausseté, de l'insanité des prémisses qui le rendent absolument nécessaire en théorie.

Le mémoire de M. Breton était trop court pour former une actualité; j'ai eu la pensée, que je crois heureuse, de le compléter par un exemple mémorable des *folles théories dynamiques*, de l'univers par des géomètres.

A côté du MONDE A REBOURS, j'ai voulu montrer le MONDE SENS DESSUS DESSOUS par une audace inconsidérée de Laplace, l'illustre auteur de la *Mécanique céleste*. — F. MOIGNO.

L'UNIVERS SANS DIEU

FORMULE DYNAMIQUE GÉNÉRALE DES MONDES ET DES ÊTRES

LA RÉVERSION OU LE MONDE A L'ENVERS

Par M. Philippe Breton.

I

Rappel de notions acquises.

Lacunes dans la notion mathématique du temps. — Dans leurs études de mécanique, les géomètres n'emploient le temps que comme une succession mesurable. Tout le monde sait bien cependant, et les plus savants géomètres aussi, que le temps s'écoule dans un seul sens, que les faits successifs n'ont qu'un seul ordre qui ne peut se retourner, comme quand nous parcourons un même chemin d'abord en allant ensuite en revenant; tout le monde sait bien qu'une cause ne peut produire son effet qu'après l'époque où elle a agi, et que le passé est seul essentiellement immuable. Ces notions du plus vulgaire bon sens sont cependant à peu près comme non avenues pour le mathématicien pur, au moins tant qu'il demeure enfermé dans ses mathématiques pures ; elles sont un peu moins facilement oubliées ou négligées par les physiciens, obligés qu'ils sont de soumettre au contrôle de l'expérience les explications qu'ils essaient de donner des phénomènes réels. Mais l'absence ou du moins l'oubli de ces notions dans les formules de la mécanique rationnelle n'en constitue pas moins une lacune dont je voudrais faire comprendre l'importance, sans avoir la prétention de présenter même le plus modeste essai pour combler cette lacune.

A cet effet j'emploierai une fiction permise, en raisonnant comme si je ne soupçonnais pas même cette lacune, et comme pourrait faire un géomètre-mécanicien qui serait purement matérialiste et fataliste. Et il doit être bien entendu d'avance que, si cette manière de raisonner me conduit à des absurdités révoltantes, ces absurdités devront s'attacher au matérialisme et au fatalisme, si le raisonnement est rigoureux.

Constitution d'un système mécanique. — Les géomètres constituent les systèmes mécaniques dont ils s'occupent : 1° en imaginant certains corps doués chacun d'une certaine masse, caractérisée quant à sa nature par son existence permanente en un seul lieu à la fois, et quant à sa quantité, par l'effort qu'elle exige pour changer de vitesse avec une certaine promptitude.

2° Ils conçoivent entre deux quelconques des masses du système deux forces égales et contraires, agissant sur ces deux corps suivant la droite qui les joint, avec une intensité dépendant des grandeurs des deux masses et de la distance qui les sépare. Là-dessus les géomètres ne sont pas d'accord : les uns admettant comme fait purement expérimental l'action mutuelle entre deux masses sans aucun intermédiaire matériel, tandis que d'autres savants rejettent absolument l'action à distance, et regardent comme évidente *à priori* l'existence d'un intermédiaire matériel inconnu, dès que l'expérience montre une action mutuelle entre deux corps, lors même que nous n'avons aucune connaissance acquise de cet intermédiaire. Mais ce dissentiment, malgré son extrême gravité, n'importe en rien à la question de la réversibilité dont nous allons nous occuper. Si ces intermédiaires sont nécessaires et réels, il faut les introduire avec leurs masses respectives dans les formules de la dynamique, moyennant quoi ces formules seront complétées au moins en partie ; sinon, ces formules, telles qu'elles sont présentées dans les traités de dynamique, sont déjà complètes.

Définition géométrique et cinématique d'un état d'un système. — Il faut ensuite attribuer à chaque masse d'un système matériel constitué une certaine situation dans l'espace pour un certain instant, ce qui définit pour cet instant l'état géométrique du système ; puis il faut, pour ce même instant, attribuer à chaque masse appartenant au système une vitesse déterminée en grandeur et en direction, ce qui définit l'état cinématique du système entier. C'est ce qu'on peut désigner, en termes de grammaire, par la question *ubi sit* et par la question *quò eat* unaquæque moles.

Cela fait, pourvu que l'on ait embrassé dans le système tout ce qui peut agir sur quelqu'une de ses parties, ce système tout entier se trouve complétement connu, d'abord dans sa constitution en masses et en forces, puis dans un état instantané par lequel il passe.

Origine du temps. — L'usage est de nommer *origine du temps* l'époque où le système matériel considéré passe par cet état supposé connu : mais il faut avertir que les géomètres n'entendent point, par cette expression, une époque avant laquelle il n'y avait pas de temps. Ils entendent par là *le zéro du comptage du temps.* Il faut même être prêt à changer ce zéro suivant les besoins, pour la facilité et la clarté des calculs. Ainsi les époques postérieures au zéro que l'on choisit sont déterminées par une certaine durée t, qui s'écoule depuis le zéro des temps jusqu'à l'époque qu'on veut définir, et alors le nom t de cette durée est marqué du signe $+$, qui appliqué au temps veut dire *postérieur à l'époque zéro.* De même on définit et l'on emploie dans le calcul les époques antérieures au zéro des temps en appliquant le signe — aux temps qui s'écoulent entre des époques antérieures quelconques et le zéro des temps ; et alors le signe algébrique — signifie *antérieur à l'époque zéro*.

Équation générale de la dynamique. — Enfin, un système de corps étant défini dans ses masses, dans ses forces, dans sa figure et ses vitesses à un instant quelconque, les géomètres partagent le temps en une infinité d'éléments infiniment courts, et établissent une loi qui détermine, d'une manière absolument unique et fatale, les changements infiniment petits qui se produisent dans l'élément de temps qui suit l'instant où l'état du système est supposé connu. Par suite, le nouvel état du système se trouve déterminé à la fin de ce premier élément de temps. Puis, en appliquant de nouveau cette même loi à ce deuxième état du système, on obtient les changements qui se produisent pendant le deuxième élément de durée. Et ainsi de suite de proche en proche pour tous les éléments du temps qui suivent l'instant où l'état du système a été d'abord supposé connu.

Intégration. — Les géomètres s'efforcent ensuite de combiner divers artifices de calcul, pour trouver l'état futur du système à une époque quelconque postérieure au zéro des temps, sans avoir besoin de passer par tous les états intermédiaires en nombre infini. Ils y réussissent bien rarement, mais cependant quelquefois. Dans ces cas rares, les situations futures de chaque point matériel du système se trouvent exprimées par certaines fonctions du temps; et ces fonctions sont de celles qui n'admettent, pour chaque valeur du temps, qu'une seule et unique valeur, toujours réelle et jamais infinie. De plus, si le géomètre a vraiment trouvé la solution complète, il peut éliminer le temps, et tirer des fonctions qu'il a trouvées le chemin tracé dans l'espace par chaque point matériel du système.

Extension au passé. — Quand on possède la solution complète d'un problème de dynamique, elle embrasse à la fois tous les états passés du système, aussi bien que ses états futurs : en termes techniques, il suffit pour cela de remplacer $+\,t$ par $-\,t$ dans les formules qui expriment la situation d'un des corps du système à la *fin* du temps t compté *depuis* le zéro des temps; et moyennant ce changement, ces mêmes formules font connaître les situations successives de ce même corps, au *commencement* de chaque temps t compté *avant* ce même zéro des temps.

Unicité et fatalité de la solution. — Peu importe, pour l'objet de cette étude, que les géomètres soient ou non assez habiles, assez pénétrants, assez patients, pour trouver la solution de tel ou tel problème ; elle est implicitement contenue dans la loi générale de la dynamique, connue sous le nom d'*équation des travaux et des forces vives*. Si nos savants ne peuvent ou ne savent trouver cette solution, elle n'est pas moins réelle, unique et fatale, et un plus savant qu'eux pourrait la trouver et la formuler. Et cette unicité, cette fatalité, enchaîne en une série unique et immuable tous les états passés et futurs du système; cette série constitue ainsi un seul et même phénomène dont les phases successives se développent fatalement dans le temps. Parmi tous les instants de la durée, on en a d'abord choisi un à volonté, pour servir de zéro au comptage; mais dès que la solution est connue ou censée connue, on peut choisir tel autre instant qu'on voudra pour servir de zéro, sans que la série des états successifs considérée dans son ensemble complet éprouve aucun changement. Toujours cette série demeure unique et fatale, puisque deux de ces états consécutifs, séparés par un élément infiniment petit de durée, sont liés par une équation qui ne comporte aucune ambiguïté, aucune liberté. Dans cet enchaînement continu d'états successifs, chacun d'eux est l'effet nécessaire de l'état qui le précède immédiatement, et devient à son tour la cause nécessaire de l'état qui suit immédiatement.

Différentiation. Recherche des forces et des masses. — Il arrive aussi, dans les recherches de physique expérimentale, depuis l'astronomie jusqu'à la chimie inclusivement, que l'expérience fait connaître, plus ou moins incomplétement, plus ou moins approximativement, les configurations géométriques successives d'un système de corps. Alors, en considérant deux états du système, au commencement et à la fin d'un élément de temps, par l'opération mathématique nommée différentiation, on peut trouver les masses qui composent le système et les forces qui les sollicitent, en appliquant l'équation générale de la dynamique, et prenant pour inconnues les masses et les forces. Et cette déduction est plus ou moins complète, plus ou moins exacte, selon que la série des configurations successives est elle-même connue plus ou moins exactement, plus ou moins complétement. Puis, une première approximation étant ainsi obtenue, les géomètres repartent de ce degré de connaissance, pour en tirer une nouvelle approximation plus voisine de la vérité dans la description de la suite des configurations. Puis, l'observation ou l'expérience intervenant derechef, on tâche de vérifier si les déductions annoncées s'accordent avec la réalité. Dans le cas de l'affirmative, on a un chapitre de science à peu près achevé ; dans le cas d'un accord approximatif presque exact, mais qui laisse subsister des écarts inattendus, on cherche quelles peuvent être les masses et les forces précédemment inconnues qui pourraient expliquer ces petits écarts.

C'est réellement ainsi que Newton tira des trois lois de Kepler la loi unique de la pesanteur astronomique, dont son génie reconnut l'identité avec la pesanteur terrestre. Puis, étant obligé, pour expliquer les observations dans tous leurs détails connus de son temps, de reconnaître l'action de la pesanteur, non point seulement entre le soleil et une planète, puis entre une planète et ses satellites, mais bien entre chaque particule pesante du système solaire et chacune des autres particules pesantes, il conclut que la description des mouvements sidéraux résumée dans les lois de Kepler ne pouvait être qu'une première approximation, dont les mouvements réels devaient s'écarter un peu. Ensuite Newton lui-même et ses successeurs jusqu'à nos jours se sont évertués à calculer et à observer ces petits écarts, désignés par eux sous le nom de perturbations, pour en déduire les masses pesantes des astres observés, masses qui ne sont point autrement connues de nous. Et quand des perturbations observées n'ont pu s'expliquer par aucun système de masses attribuées aux astres connus, on a essayé si ces perturbations s'expliqueraient par la présence d'astres inconnus, qui jusqu'alors auraient échappé à l'observation. C'est ainsi réellement que la partie inexpliquée précédemment des perturbations d'Uranus a conduit M. Le Verrier à décrire la marche et la masse de Neptune avec un degré remarquable de précision, et à faire découvrir cette planète, qui autrement aurait pu échapper longtemps encore aux observateurs.

Les travaux des physiciens rentrent aussi dans la recherche des forces et des masses d'après la description des phénomènes ; mais ici les masses et les forces dont on essaie de déduire l'existence d'une description de phénomènes d'ensemble deviennent bientôt inaccessibles à l'observation directe ; en sorte que la vérification des résultats de cette recherche devient de plus en plus difficile, parce qu'elle n'est plus abordable que par des phénomènes d'ensemble qu'il faut déduire de la théorie, puis vérifier par l'expérience.

A ce nouvel ordre de recherches appartiennent les tentatives de divers savants pour expliquer l'origine de la pesanteur elle-même. Ainsi Lamé, Boucheporn, le père Secchi, rejetant absolument l'action à distance à travers le vide entre deux atomes pesants, ont admis *à priori* l'existence d'un intermédiaire matériel entre deux atomes pesants quelconques, et ont fait des tentatives plus ou moins heureuses pour déterminer la constitution de cet intermédiaire matériel et son mode d'action pour engendrer la pesanteur. Si, comme il est permis de l'espérer, ces efforts aboutissent quelque jour à la découverte de la vérité, on en sera averti par *deux* conditions : il faudra d'abord qu'une explication proposée de l'origine de la pesanteur donne à cette force une loi qui s'accorde avec celle de Newton, dans les limites des erreurs d'observation, condition qui rendra cette explication admissible sans être encore vraiment certaine. Et, en second lieu, une telle explication étant reconnue admissible, il faudra, avant de l'admettre définitivement, en tirer de petits écarts entre ses effets et ceux qui résultent de la loi de Newton; puis, si l'observation se perfectionne assez pour atteindre et mesurer ces petits écarts, il faudra voir s'ils s'accordent avec une loi plus exacte dont celle de Newton ne serait qu'une première approximation. Et si quelque jour nous devons connaître l'origine de la pesanteur d'une manière certaine, une telle découverte ne manquera pas de conduire à d'autres découvertes capitales, même pour les applications industrielles, au grand étonnement des utilitaires industriels, qui dédaignent fièrement toute vérité dont la valeur ne peut pas se chiffrer d'ores et déjà en francs et centimes.

Les physiciens qui travaillent à la description et à l'explication des phénomènes de l'élasticité, du son, de la lumière, de la chaleur, de l'électricité, du magnétisme, de la chimie, de la capillarité, de la cristallisation, en un mot des chapitres divers de la physique générale, sont tous entièrement d'accord sur un point, soit entre eux, soit avec les savants qui cherchent l'origine de la pesanteur, soit avec les astronomes, observateurs ou théoriciens : c'est que le but commun de leurs travaux consiste à ramener l'explication complète des phénomènes naturels à une application de la mécanique rationnelle. Tous savent que la loi générale de la dynamique contient implicitement la réponse à chacun des problèmes innombrables qui les occupent. Tous savent que cette loi ne peut jamais donner lieu à aucune ambiguïté. Aucun d'eux ne serait tenté de douter de l'unicité et de la fatalité de l'enchaînement continu des phases successives d'un mouvement. Tous voient, dans le monde physique, deux choses seulement, matière et mouvement, et ces deux choses fatalement enchaînées par l'équation générale des travaux et des forces vives. Il y a un seul point, infiniment grave, sur lequel ils ne s'accordent pas, savoir : s'il y a dans la réalité autre chose encore que matière et mouvement, ou bien si *tout* se réduit absolument à ces deux choses, matière et mouvement. C'est sur ce point que je veux feindre pour un moment de me ranger à l'opinion matérialiste et fataliste; mais je proteste d'avance que, de ma part, ce n'est là qu'un rôle, une fiction; et si je prends ce rôle, c'est dans l'intention de le pousser à des conséquences suffisamment absurdes pour manifester sa fausseté.

En attendant, quiconque a une idée nette de l'état actuel de la dynamique reconnaîtra qu'il n'y a rien du tout de nouveau dans ce premier chapitre. Je ne fais absolument ici que traduire en français, aussi clairement que je peux, ce que tous les traités de mécanique rationnelle expriment en langage algébrique. Jusqu'ici j'ai seulement rappelé des notions acquises, qui sont actuellement le domaine public de la science ; mais je vais maintenant en tirer des conséquences peut-être inattendues.

II

Réversion des mouvements.

Définition de la réversion. — Connaissant la série complète de tous les états successifs d'un système de corps, et ces états se suivant et s'engendrant dans un ordre déterminé, du passé qui fait fonction de cause à l'avenir qui a le rang d'effet, considérons un de ces états successifs, et, sans rien changer aux masses composantes, ni aux forces qui agissent entre ces masses, ni aux lois de ces forces, non plus qu'aux situations actuelles des masses dans l'espace, remplaçons chaque vitesse par une vitesse égale et contraire ; en termes de grammaire, à la question *quò* nous allons substituer la question *undè* : ainsi, tel point matériel du système ayant une vitesse de *tant* de mètres par seconde dirigée de gauche à droite, nous allons maintenant lui supposer une vitesse du même nombre de mètres par seconde, mais dirigée cette fois de droite à gauche. Et de même les vitesses du haut en bas seront remplacées par des vitesses égales du bas en haut, et ainsi des autres. Pour abréger, nous appellerons cela *révertir* les vitesses ; ce changement lui-même prendra le nom de *réversion*, et nous appellerons sa possibilité *réversibilité* du mouvement du système. Je prie le lecteur de me pardonner cette nichée de néologismes, qui me sont nécessaires pour l'exposition commode de mon idée.

Or, quand on aura opéré (non dans la réalité, mais dans la pensée pure) la réversion des vitesses d'un système de corps, il s'agira de trouver, pour ce système ainsi réverti, la série complète de ses états futurs et passés : cette recherche sera-t-elle plus ou moins difficile que le problème correspondant pour les états successifs du même système non réverti ? Ni plus ni moins, et la solution compète de l'un de ces deux problèmes donnera celle de l'autre par un changement très-simple, consistant, en termes techniques, à changer le signe algébrique du temps, à écrire — t au lieu de $+ t$, et réciproquement. C'est-à-dire que les deux séries complètes d'états successifs du même système de corps différeront seulement en ce que l'avenir deviendra passé, et que le passé deviendra futur. Ce sera la même série d'états successifs parcourue en ordre inverse. La réversion des vitesses à une époque quelconque révertit simplement le temps ; la série primitive des états successifs et la série révertie ont, à tous les instants correspondants, les mêmes figures du système avec des vitesses égales et contraires. Si l'on considère deux époques dans une de ces séries d'états avec les deux époques correspondantes dans l'autre série, et si l'on compare dans ces deux séries les chemins décrits par un même corps entre ces deux couples d'époques correspondantes, on trouvera identiquement le même chemin, parcouru par ce corps en deux sens opposés.

Tous les mouvements sont théoriquement réversibles. — Il est indispensable ici de bien expliquer comment nous entendons la réversion. C'est ce que nous allons faire sur un exemple particulier.

Sur une table solide horizontale on place un corps solide pesant auquel on imprime une vitesse initiale horizontale. Ce corps glisse sur la table en frottant ; le frottement use peu à peu la vitesse, jusqu'à ce que le corps glissant, parti de la position A, s'arrête dans la position B. Sa masse *paraît* alors immobile, et il semble qu'il n'y ait plus de vitesse à révertir. Ou bien, si l'on arrête le corps glissant avant que sa vitesse ait fini de s'user, et si alors on lui imprime une vitesse rétrograde égale en grandeur et opposée en direction à la vitesse d'ensemble qui subsistait quand on a arrêté le glissement, le frottement qui prendra naissance pendant le mouvement de recul se trouvera opposé à ce mouvement, et le ralentira au lieu de l'accélérer. Mais ce n'est pas ainsi qu'il faut entendre la réversion.

En effet, l'existence même du frottement prouve que le corps glissant et la table sur laquelle il glisse ne sont point des corps absolument solides ; ce sont des assemblages de particules, maintenues *à peu près* dans leurs situations relatives dans chacun de ces corps par certaines forces inconnues, lesquelles font osciller chacune de ces particules autour de leurs positions moyennes. Le frottement observé en bloc n'est qu'une résultante générale des actions moléculaires entre le corps glissant et la table. Et c'est seulement dans le détail complet des mouvements moléculaires que l'équation générale de la dynamique peut s'appliquer. Si, faute de connaître ces mouvements moléculaires dans tous leurs détails, on y substitue le mouvement d'ensemble du centre de gravité du corps glissant, on laisse de côté les travaux employés à faire osciller les particules de ce corps et celles même de la table de part et d'autre de leurs positions moyennes, travaux partiels dont le nombre immense compense la petitesse individuelle; en sorte que la somme de cette multitude de petits travaux finit par devenir prépondérante, puis par exister seule, quand le centre de gravité du corps glissant est devenu immobile. C'est ainsi que toute la force vive semble anéantie quand le corps glissant, arrivé en B, n'a plus de mouvement de translation visible.

Mais si nous pouvions observer et mesurer les vrais mouvements des particules innombrables de nos deux corps soi-disant solides, nous trouverions que cet ensemble complexe de mouvements satisfait continuellement à la loi générale de la dynamique, laquelle exige la conservation de la somme algébrique des travaux et des forces vives. Ainsi, quand le corps glissant semble devenu immobile dans la situation B, il faut *imaginer* que nous ayons connaissance des mouvements de chaque molécule de ce corps et de celles de la table sur laquelle il a glissé depuis A jusqu'en B, et que nous ayons un moyen de révertir la vitesse que chacune de ces particules aura, au bout d'un certain temps après l'arrêt en B. Peu importe que nous possédions le moyen d'effectuer réellement cette réversion; il suffit qu'elle soit concevable, et il s'agit de voir ce qu'il en résulterait si on la réalisait.

Or la réversibilité essentielle à l'équation générale de la dynamique montre immédiatement que les ébranlements moléculaires disséminés dans le corps glissant et dans la table se propageraient en rétrogradant, jusqu'à l'instant du temps réverti correspondant à celui du temps réel où le corps glissant s'est arrêté en B, et aussitôt après le corps glissant se remettrait en marche vers son point de départ A. Dans cette marche rétrograde, il acquerrait des vitesses croissantes, dues à la résultante des actions moléculaires revenant à point nommé aux molécules actuellement en contact; car cette résultante serait dirigée de même que le frottement qui avait lieu dans le premier glissement, avant la réversion, c'est-à-dire de B vers A. Ainsi, dans le mouvement réverti, le frottement, qui était retardateur auparavant, serait devenu accélérateur, sans changement de direction ni d'intensité. C'est ainsi que notre corps glissant, reparti de B après la réversion, reviendrait en A après avoir regagné une vitesse exactement égale et contraire à la vitesse initiale qu'on lui avait d'abord imprimée.

Il faut donc généralement distinguer avec soin la réversion complète, telle que l'esprit peut la concevoir, d'avec les réversions incomplètes accessibles à l'expérience. Celles-ci, si on veut les exécuter, donneront toujours des résultats en désaccord avec la théorie, précisément parce que nous n'aurons pas pu révertir certains mouvements partiels, qui échappent à tous nos moyens d'observation et d'action, par le nombre immense et par la petitesse des parties, ainsi que par la complexité presque infinie des mouvements des particules.

Si le physicien ne tient compte que des mouvements qu'il sait observer et mesurer, il se trouve entraîné à admettre une foule de forces, qu'il qualifie de forces résistantes, agissant seulement pour diminuer les vitesses relatives des masses partielles, sans pouvoir jamais augmenter ces vitesses, forces spéciales qui contredisent absolument la loi générale de la dynamique, en anéantissant sans compensation des travaux existants. Mais pour le mécanicien-géomètre, il ne peut y avoir d'autre résistance au mouvement d'une masse qu'un partage de son mouvement avec d'autres masses. Et ce partage s'effectue nécessairement suivant l'équation générale de la dynamique, c'est-à-dire suivant l'équation des travaux et des forces vives, ou suivant la loi de la conservation de l'énergie. (On sait que, depuis quelques années, les géomètres-physiciens prennent l'habitude de nommer énergie ce qu'on nommait précédemment travail et force vive.)

Il doit être bien convenu que la réversion, telle

que nous l'entendons ici, s'applique exclusivement aux vitesses supposées connues, avec des détails assez complets, assez exacts pour vérifier exactement la loi des travaux et des forces vives.

C'est dire que la réversion n'est pratiquement réalisable que dans des cas extrêmement rares. Mais en théorie, dans le domaine mathématique, qui est du ressort de la pensée pure, tout mouvement est essentiellement réversible. Car, lorsqu'un système de corps est constitué dans ses masses et dans ses forces, l'intégration des mouvements est toujours concevable, toujours unique dans sa forme générale, cette forme étant seulement susceptible d'une variété infinie par le choix de ce que les géomètres nomment *les constantes arbitraires*. Celles-ci consistent précisément dans la description complète des situations de tous les corps du système à un certain instant, et des vitesses possédées au même instant par ces divers corps. Mais, une fois que ce choix est fait, l'intégration ne peut plus comporter aucune ambiguïté, les mouvements divers possibles dans le système de masses et de forces se trouvent particularisés d'une manière absolue, et ce que nous avons vu ci-dessus, de l'unicité et de la fatalité de la série entière des états successifs du système devient rigoureusement applicable. Dès lors aussi la réversibilité est applicable théoriquement.

Il est vrai cependant que les états imaginables d'un système de corps constitué dans ses masses et dans ses forces ne sont pas arbitraires sans exception ; les constantes que les géomètres qualifient d'arbitraires sont assujetties à certaines conditions de compatibilité, comme je vais l'expliquer. Un système de masses et de forces étant donné, on peut bien essayer de le placer hypothétiquement dans un état absolument arbitraire, et même choisir cet état à dessein dans des conditions propres à faciliter l'intégration, avec les ressources bornées de la science actuelle ; mais, cette intégration étant achevée, il arrive quelquefois qu'elle donne une série d'états successifs dans laquelle on reconnaît une ou plusieurs phases contradictoires, absurdes, impossibles. Alors donc il faut conclure que l'état hypothétique, d'où l'on est parti pour faire cette intégration, contient lui-même des conditions incompatibles entre elles. Car la série complète des états successifs constituant un seul et unique phénomène, ses phases étant toutes enchaînées entre elles suivant un ordre absolument unique et fatal, l'impossibilité d'une seule de ces phases s'étend logiquement à toutes les autres.

Si cependant cet état initial supposé, qui conduit à un état impossible, n'est pas absolument arbitraire, s'il a été choisi en vue de la représentation mathématique d'une suite d'observations réelles, que faut-il faire pour résoudre cette contradiction paradoxale ? Il faut alors remarquer que toute observation est essentiellement erronée dans sa mesure ; on a beau faire, tout mesurage comporte un certain degré d'incertitude. Il faut donc examiner si les mesures prises pour décrire des faits réels peuvent se modifier sans excéder les limites des erreurs dont on ne peut répondre, et de manière à éviter les phases impossibles dans la série des états successifs, passés ou futurs. Ou bien encore, les masses du système et les forces qui les animent ne pouvant jamais être connues en réalité que par des mesures comportant elles-mêmes des erreurs inévitables, et quelquefois ces masses et ces forces étant purement hypothétiques, il faut modifier les hypothèses dont on est parti au sujet de ces masses et de ces forces, et toujours de manière à éviter la conséquence absurde des phases impossibles.

Au fond, les longues discussions qui ont longtemps occupé les physiciens, sur les deux théories de la lumière, ne sont qu'un exemple développé de ce genre d'étude sur la constitution du système matériel qui engendre les phénomènes lumineux. Et, maintenant même que le système des ondulations est hors de doute, certains détails dans la constitution de l'éther ou dans les vitesses attribuées à ses particules peuvent donner lieu à la difficulté des phases impossibles dans la série des états successifs. Nous en indiquerons un exemple au chapitre suivant, et nous montrerons comment une petite modification dans l'ensemble des vitesses résout la difficulté. On verra comment la réversibilité des mouvements facilite cette solution d'un paradoxe.

Mais quand il s'agit d'un mouvement réel, il est bien clair que ce mouvement n'a rien d'impossible, puisqu'il existe. Alors donc aucune de ses phases successives ne peut être impossible ; et l'impossibilité théorique de la réversion ne peut pas non plus s'y trouver, puisque la série des états révertis est celle même des états réels parcourue à rebours. Donc tous les mouvements réels sont théoriquement réversibles, si toutefois la loi générale de la dynamique, telle que nous la connaissons, ne contient pas quelque lacune essentielle. C'est ce que nous essaierons de voir dans les chapitres suivants.

III

Réversion dans les corps inorganiques.

Recrutement temporaire des comètes par les planètes pour le système solaire.— Les astronomes sont, je crois, à peu près d'accord aujourd'hui sur l'hypothèse qui attribue aux comètes une origine étrangère au sytème solaire. Cependant, tant que l'on considère une comète comme un seul corps pesant, unique, indivisible, toujours identique à lui-même, la loi de la pesanteur rend impossible l'introduction d'une comète dans le système solaire, tant qu'elle ne pèse que vers le soleil tout seul. Car les orbites que la pesanteur vers le soleil agissant seule peut faire décrire à un point pesant, celles que je nomme pour abréger orbites *héliobariques*, ne peuvent être que des ellipses fermées, ou des branches d'hyperboles à deux bras infinis. Si donc on applique la réversion à une telle orbite, on ne pourra pas faire sortir du système solaire un corps pesant dont l'orbite héliobarique est fermée. Et si un corps pesant est entré dans ce système, en y arrivant par le premier bras d'une branche d'hyperbole, il en ressort par le second bras de la même branche, car il suffit d'appliquer ici la réversion, pour que la voie d'entrée devienne voie de sortie, et réciproquement. La pesanteur vers le soleil seul ne peut donc suffire à retenir, dans son cortége de planètes, un corps pesant venant du dehors.

On reconnaît la même incompatibilité entre une orbite périodique et une orbite à deux bras infinis, en remarquant que l'une a un périhélie et un aphélie, tandis que l'autre n'a qu'un périhélie sans aphélie possible. Car cette orbite non fermée n'est qu'une seule branche d'une hyperbole, et la seconde branche de la même section conique est absolument inaccessible au corps pesant vers le soleil qui suit la première branche. Or la deuxième abside de l'hyperbole est située sur cette seconde branche, dont l'existence est purement géométrique ou idéale, absolument étrangère aux mouvements héliobariques. Cette dernière abside ne fait donc point du tout fonction d'aphélie.

Mais si l'on tient compte des masses des planètes circulant autour du soleil, et de la pesanteur vers l'une d'elles, on peut comprendre facilement comment cette pesanteur secondaire peut changer d'hyperbole en ellipse l'orbite héliobarique d'une comète. A cet effet, considérons par exemple Jupiter et la sphère qui l'entoure à distance, dans l'intérieur de

laquelle la pesanteur vers Jupiter est très-prépondé-
rante en comparaison de la pesanteur vers le soleil.
Nous appellerons l'espace embrassé par cette sphère
l'*empire de Jupiter*; il est enclavé dans l'empire solaire
et voyage autour du soleil avec Jupiter. Nous quali-
fierons *diobarique* l'orbite qu'un point pesant décri-
rait dans l'empire de Jupiter par l'effet de la pesanteur
prépondérante vers cette planète. Telles sont les orbites de ses satellites. Cela posé, soit une comète arrivant des profondeurs du ciel dans l'empire solaire :
son orbite héliobarique ne peut être qu'une branche
d'hyperbole, sur laquelle elle a partout une vitesse plus
grande que celle d'une planète décrivant une ellipse
héliobarique (1). Cette comète pourra donc atteindre
l'empire de Jupiter enclavé dans l'empire solaire, et
ne pourra décrire dans cet empire local qu'un arc
d'hyperbole diobarique ; elle repassera donc la frontière de l'empire enclavé, et rentrera sous la domina-
tion prépondérante de la pesanteur vers le soleil,
puis elle décrira une nouvelle orbite héliobarique. —
Quand la comète repasse la frontière de l'empire de
Jupiter, sa vitesse, rapportée à la planète regardée
comme fixe, est à peu près égale en grandeur à la
vitesse relative qu'elle avait en entrant dans l'empire

(1) Car, en tout point de cette orbite, le quarré de la vitesse sur-
passe d'une quantité constante celui d'une masse pesante qui passe-
rait au même point en décrivant une parabole héliobarique.

enclavé ; mais sa direction est généralement très-différente de celle de la vitesse d'entrée. Si, par exemple, la comète ressort de l'empire de Jupiter par derrière, suivant une direction presque directement opposée au mouvement héliocentrique de Jupiter, alors la comète peut avoir, en rentrant dans l'empire solaire, une vitesse héliocentrique à peu près égale à la différence entre la vitesse héliocentrique de Jupiter et la vitesse diocentrique de la comète. Cette différence peut ainsi se trouver bien inférieure à la vitesse qui rendrait parabolique la nouvelle orbite héliobarique. En conséquence, cette nouvelle orbite héliobarique de la comète sera une ellipse, et cet astre, quoique étranger par son origine au système solaire, deviendra un membre permanent de ce système ; il repassera périodiquement par tous les points de sa nouvelle orbite. Disons pour abréger que Jupiter aura ainsi recruté la comète étrangère pour le système solaire. Reste à savoir si ce recrutement est opéré pour toujours : ici la réversion va nous donner une réponse bien simple.

Appliquons en effet la réversion au système composé du soleil, de Jupiter et de la comète recrutée par Jupiter, après que la comète a fait plusieurs fois le tour de son ellipse héliobarique : elle va parcourir à rebours cette même ellipse ce même nombre de fois, puis elle entrera dans l'empire de Jupiter, en

allant maintenant au-devant de la planète ; elle res-
sortira de l'empire enclavé avec la même vitesse
qu'elle avait la première fois qu'elle en a franchi la
frontière, au commencement de l'opération qui l'a
recrutée ; elle rentrera donc dans l'empire solaire
avec une vitesse capable de lui faire décrire une hyperbole pour orbite héliobarique : ainsi elle sera
congédiée par la même planète qui l'a recrutée.

Or, pour que Jupiter expulse ainsi du système solaire une comète périodique, il suffira le plus souvent que celle-ci entre dans l'empire de la planète
en allant à sa rencontre ; car elle pourra alors, après
avoir décrit un arc d'hyperbole diobarique, ressortir de l'empire de Jupiter avec une vitesse héliocentrique qui peut approcher de la somme de la vitesse
diocentrique de la comète à sa rentrée dans l'empire
enclavé, et de la vitesse héliocentrique de Jupiter.
Cette somme peut atteindre ou dépasser la vitesse
qui rendrait la nouvelle orbite héliobarique parabolique ou même hyperbolique. Car, si l'orbite héliobarique d'une planète est un cercle, il suffit que sa
vitesse augmente d'environ les quatre dixièmes de
sa valeur actuelle, ou que le carré de sa vitesse
soit doublé, pour que l'orbite soit changée en parabole ; et une accélération plus grande en fait
une hyperbole. Or, puisque la comète recrutée par
Jupiter tourne à rebours du mouvement de Jupiter,

et que son ellipse héliobarique passe fort près de l'orbite de Jupiter, il arrivera tôt ou tard en réalité, et sans réversion, que la planète et la comète se trouveront à peu près ensemble dans ce passage à courte distance, et cela en allant l'une au-devant de l'autre. Il suit de là que toute comète périodique, recrutée pour le système solaire par l'action d'une planète, risque fort d'être, dans la suite, expulsée de ce système par la même planète. Elle n'échappera guère à cette chance que dans le cas où les attractions des autres planètes altéreraient fortement à la longue l'ellipse héliobarique résultant du recrutement, de manière à agrandir suffisamment la plus courte distance entre les deux ellipses héliobariques. On voit, dans cet exemple, que la réversion peut aider quelquefois à découvrir, sans calcul ni figure, la possibilité de certains effets complexes des forces connues (1).

1 Afin de rendre spontanément hommage à la vérité, je dois déclarer que, dans l'automne de 1860, mon cousin Paul Breton (de Champ) m'apprit en causant que M. le Verrier avait trouvé que la plupart des comètes périodiques sont entrées dans le système solaire en y arrivant par une orbite hyperbolique, et que leur orbite avait été changée en ellipse par l'action de quelque grosse planète ; que M. le Verrier avait entrepris de chercher par quelle planète troublante, à quel point de son orbite et à quelle époque ce changement s'est opéré pour chaque comète périodique, puis à quelle époque future la même planète opérera un changement contraire, qui rendra de nouveau à la comète une orbite hyperbolique par où elle s'échappera pour toujours du système solaire. — C'est en méditant sur cette conversation que j'ai fini par me faire une idée du mécanisme de

Solution d'un paradoxe sur les ondulations lumineuses. — L'auteur d'un opuscule de physique générale fort bien pensé (M. Laugel) signale une conséquence doublement paradoxale de la théorie des ondulations lumineuses, comme étant, à son avis, la difficulté grave qui reste encore dans cette théorie. C'est que, si des rayons lumineux convergent vers un point unique (nommé foyer réel), le calcul indique que l'atome d'éther situé à ce foyer prendra une vitesse vibratoire infinie, et dirigée à la fois dans une infinité de directions distinctes. Cette conséquence doublement impossible oblige le mécanicien-opticien à modifier un peu ses hypothèses, faute de quoi sa théorie tout entière serait absurde. Quelle doit être cette modification?

Or, dans le système des ondulations lumineuses, la réalité physique n'appartient point aux rayons, mais aux ondes elles-mêmes, c'est-à-dire aux surfaces mobiles qui contiennent à chaque instant les atomes du milieu élastique actuellement agités par le passage d'un même ébranlement initial; les rayons ne sont que les trajectoires orthogonales des positions successives d'une même onde. Quand on dit qu'un

ces deux changemements contraires. L'idée (et sans doute aussi des développements que je ne connais pas) appartient donc, selon moi, à M. le Verrier; le peu qui peut être de moi dans cette question, c'est seulement l'exposition abrégée, à l'aide de certains néologismes qui ne sont peut-être pas plus mal faits que ceux usités en chimie.

faisceau de rayons de lumière concourt vers un foyer réel, cela veut dire que les positions successives d'une même onde sont des sphères concentriques, et que le rayon de la sphère mobile est en train de décroître avec la vitesse de propagation de la lumière. Concevons que cette convergence des rayons, cette décroissance des sphères successivement occupées par l'onde, soit due à l'interposition d'un appareil optique sur le trajet de la lumière, en amont du lieu où les sphères vont ainsi en se concentrant ; supposons aussi que, en amont de l'appareil optique, la lumière soit composée d'une série d'ondes sphériques concentriques, dont chacune est en train de croître en s'éloignant de son centre avec la vitesse de propagation. Ce centre commun, où les ondes lumineuses prennent naissance, n'est autre chose que le foyer d'où la lumière est partie, c'est la surface même du corps lumineux. Et les deux conséquences paradoxales, d'une vitesse infinie attribuée à un point matériel, et d'une infinité de directions distinctes et simultanées attribuées à cette vitesse, ces deux conséquences également impossibles s'appliqueront également au corps lumineux, si elles s'appliquent à son image réelle qui se forme au foyer conjugué en aval de l'appareil optique. Car, si l'on applique la réversion aux mouvements actuels des particules d'éther, à une époque quelconque de la propagation entre le corps lumineux et son image réelle, ce sera alors cette image réelle qui fera fonction de corps lumineux, et l'emplacement où était d'abord le corps lumineux ne sera plus qu'une image réelle du nouveau corps brillant.

Si donc les deux conséquences paradoxales tenaient à une hypothèse vraiment nécessaire sur les vitesses de l'éther à une certaine époque de la propagation, il faudrait faire de cette hypothèse la conséquence de deux hypothèses impossibles sur les vibrations du corps lumineux. On voit ainsi qu'il y a nécessairement certaines petites erreurs dans l'hypothèse admise sur les mouvements individuels des atomes éthérés dans la surface d'une onde sphérique, pendant que le rayon de cette sphère a une grandeur sensible.

Il faut donc d'abord remonter aux motifs qui ont fait adopter les hypothèses admises par les physiciens-géomètres, sur les mouvements individuels des atomes d'éther actuellement agités par le passage de l'onde, ou plutôt de la série des ondes lumineuses· Ces physiciens supposent que chacun de ces atomes oscille suivant une petite ellipse tracée dans le plan tangent à l'onde sphérique ; ils ajoutent qu'une série d'ondes concentriques se suivent à intervalles égaux ; ils s'arrêtent à ces hypothèses, parce qu'elles leur suffisent pour expliquer les phénomènes observés, tant qu'on reste assez loin du centre unique vers lequel des ondes sphériques décroissantes iraient se concentrer. Mais ces phénomènes eux-mêmes, consistant dans la présence ou l'absence de la sensation de lumière, ne peuvent être connus et décrits qu'avec un certain degré limité de justesse, et il nous est rigoureusement impossible d'atteindre l'exactitude mathématique absolue dans cette description. La nécessité des mouvements exactement tangents à l'onde qui se propage, et celle de la concentricité exacte des ondes qui se propagent à la suite les unes des autres, n'est donc pas absolue mais approximative ; et la vérification expérimentale des calculs d'interférence, objet principal des travaux de Fresnel, exige seulement : 1° que les atomes d'éther aient des mouvements *à très-peu près* tangents à chaque onde qui passe, et 2° que les ondes de lumière simple qui se suivent soient *à très-peu près* concentriques. Il faut donc maintenant remonter un peu plus haut, jusqu'au départ des ondes qui vont se suivre.

Supposons, pour simplifier, que le corps lumineux soit un atome chimique de sodium, possédant la périodité ou le rhythme d'agitation vibratoire qui lui fait engendrer autour de lui la lumière jaune simple qui caractérise le sodium dans l'analyse spectrale. Mais d'abord, quoique les chimistes qualifient d'atome cette particule de matière pesante, ce n'est point un atome réellement simple, et surtout il occupe dans l'espace un volume fini au lieu d'un vrai point mathématique sans dimension. Car c'est une construction élastique, une espèce de petit diapason sonnant le jaune, composé de diverses parties assemblées entre elles assez solidement pour résister aux efforts de décomposition en jeu dans les phénomènes chimiques connus. Ce petit diapason n'est atome que relativement aux forces chimiques, et des forces d'un ordre plus intime le diviseraient en éléments moins composés.

Considérons donc une branche de ce diapason qui exécute des vibrations périodiques, dans des périodes de temps que l'on peut calculer en divisant la longueur d'ondulation de la lumière jaune par sa vitesse de propagation. Cette durée a beau être courte pour nos habitudes, elle est finie, et le géomètre peut et doit la partager dans sa pensée en autant de parties successives qu'il voudra distinguer de phases dans chaque période de ces vibrations. A chaque époque de cette période, chaque point de la surface solide de notre petit diapason est le centre où prend naisance une onde sphérique élémentaire, qui se propage ensuite dans l'éther ambiant en conservant son centre fixe au point où cette onde a pris naissance, quoique le corps vibrant n'y soit plus. Ainsi déjà nous voyons que l'interférence des ondes élémentaires issues des divers points de la surface du petit diapason donnera des phases successives d'une même onde qui ne seront pas rigoureusement limitées par des sphères concentriques, mais par des surfaces très-voisines de certaines sphères, mais conservant certainement quelques traces de la forme du corps excitateur; et quand même ce corps excitateur serait lui-même sphérique, les phases des ondes qu'il excite autour de lui seraient limitées par des sphères non concentriques. En effet, ces sphères des phases successives auraient pour centre chacune le point qu'occupait à un instant déterminé le centre du corps excitateur. Et ensuite, notre atome de sodium incandescent étant suspendu et isolé dans un milieu fluide, sans lien actuel avec les autres atomes pesants, subit des mouvements de translation irréguliers et violents, en même temps que les parties du diapason continuent leurs oscillations propres, par l'effet de l'élasticité intérieure. Ainsi non-seulement les sphères qui marqueront à chaque instant les phases successives d'une période ne sont pas concentriques, mais en outre, si l'on considère les sphères qui limitent dans la suite une même phase de la période dans plusieurs ondes consécutives, ces sphères ne peuvent pas être rigoureusement concentriques, car leurs centres marquent les positions que le centre du corps excitateur occupait à des époques périodiques.

C'est ainsi que, si une balle sphérique se meut dans un air calme avec une vitesse moindre que celle du son, en tournant autour d'un de ses diamètres et en excitant des ondes sonores dans l'air ambiant, chacune de ces ondes se propage sphériquement en conservant son centre fixe au point où elle a pris naissance ; en sorte que les ondes sonores qui se suivent, et qui sont centrées en des points rangés régulièrement tout le long de la trajectoire du projectile, sont plus près les unes des autres du côté vers lequel va le projectile que du côté d'où il vient. C'est pourquoi l'auditeur attentif, qui écoute le sifflement de la balle passant près de sa tête, entend un son d'avant aigu, court et croissant, suivi d'un son d'arrière grave, prolongé et décroissant ; ce qu'on peut figurer ainsi :

$$zZ\hat{I}ZEzou^{ou}\cdots\cdots$$

Nous voyons déjà que, si l'on remonte à la vibration d'un atome chimique excitant la lumière autour de lui, nous aurons des ondes approximativement sphériques, approximativement concentriques ; et après le passage à travers l'appareil optique, ces ondes vont se concentrer non pas en un point unique, mais dans des points voisins d'un foyer moyen, rangés dans une certaine surface qui sera l'image optique du corps lumineux ; et cette image elle-même, au lieu d'être absolument fixe, exécutera des vibrations isochrones aux vibrations du corps lumineux, combinées avec certains mouvements de translation qui donneront une image des mouvements de translation de ce corps lumineux. On comprend déjà que le calcul vraiment rigoureux assignerait des vitesses finies aux divers points de cette image optique du corps vibrant. Voilà donc un des deux paradoxes, l'infinité de la vitesse, remplacé par un résultat rationnel. Reste à résoudre la coexistence impossible d'une infinité de directions distinctes et simultanées, pour la vitesse finie d'un point de l'image optique.

Au départ d'une phase quelconque de l'onde lumineuse, il est clair qu'un atome d'éther actionné directement par le corps lumineux ne peut recevoir de lui qu'une impulsion parallèle à la vitesse actuelle d'un point de la surface du corps lumineux ; mais ensuite (suivant ce que j'ai retenu d'une note très-substantielle de M. de Saint-Venant), à mesure que l'ébranlement se propage en s'éloignant du corps excitateur, les actions mutuelles des atomes d'éther rapprochent peu à peu la direction des vibrations de ces atomes du plan tangent à chaque point de l'onde. Si bien que, quand l'onde s'est propagée à une distance comprenant un grand nombre de longueurs d'ondulation, les vitesses individuelles des atomes d'éther ne font plus avec le plan tangent à l'onde que des angles négligeables, de plus en plus petits, angles qu'il est non-seulement permis mais nécessaire de négliger dans la comparaison des phénomènes lumineux avec la théorie des ondulations lumineuses ; mais ces petits angles ne sont pas moins réels : leur nombre immense compense leur petitesse pour la résolution du paradoxe relatif à la direction des vitesses au foyer de convergence, comme on va le voir sans difficulté à l'aide de la réversion.

Prenons, en effet, la série des ondes lumineuses à une distance finie du corps lumineux, et avant qu'elle atteigne l'appareil optique qui doit la réunir plus tard à la surface de l'image optique, pendant qu'on a des ondes sensiblement sphériques, grandissantes, avec des mouvements individuels des atomes d'éther sensiblement mais non exactement tangentiels aux ondes ; opérons à cet instant la réversion. Il est clair que les petits angles des vitesses individuelles avec chaque onde vont devenir croissants quand la réversion aura rendu ces sphères décroissantes. Et quand les rayons de ces sphères se réduiront à zéro dans des points qui ont été occupés par la surface du corps lumineux, les atomes d'éther situés respectivement à ces points de concentration recevront des vitesses reproduisant les impulsions qu'ils ont reçues réellement du corps vibrant : ces impulsions seront seulement renversées quant à leur direction. Et si alors le corps vibrant n'est plus là, il n'y aura à cet endroit qu'une vraie image optique de ce corps tel qu'il était quand il a excité la lumière. Seulement cette image optique aura, en chacun de ses points, des vitesses égales et contraires à celles que le corps vibrant possédait réellement.

Et maintenant, si nous n'opérons point de réversion, si nous laissons la lumière traverser l'appareil optique, si nous laissons ses ondes prendre la figure approximative d'une suite de sphères décroissantes, dont la concentration approximative va former l'image optique du corps lumineux, il est clair, par ce que la réversion nous a montré, que cette image optique aura ses points divers animés d'un ensemble de vitesses de directions parfaitement déterminées; car les petits angles subsistants entre les vitesses individuelles des atomes d'éther et les plans tangents à l'onde deviendront en effet croissants, de même que dans le cas de réversion que nous venons d'examiner ; et de même aussi chaque atome d'éther situé dans l'image optique aura une vitesse de direction déterminée, qui sera celle de ce point de l'image optique. Si le corps lumineux et son image ont des dimensions très-petites en comparaison des deux distances focales conjuguées mesurées entre ces figures et le centre optique de l'appareil, ces deux figures seront sensiblement semblables entre elles, et semblablement placées par rapport à ce centre optique faisant fonction de centre de similitude. Ainsi se trouvent, je crois, résolus d'une manière satisfaisante les deux paradoxes cinématiques signalés, sur ce qui se passe au foyer réel d'un appareil optique.

Dans ces deux exemples, dans le recrutement temporaire d'une comète pour le cortége du soleil, et dans une question d'optique, la réversion nous a fourni un instrument intellectuel, un procédé de raisonnement, aidant quelque peu à voir clair dans des problèmes qui, sans ce secours, présenteraient une assez grave difficulté. Jusqu'ici les résultats de la réversion sont vraiment admissibles, car ils ne présentent rien de paradoxal ; au contraire, ils ramènent le résultat des recherches à cette simplicité qui est ordinairement un des caractères de la vérité. Mais on va voir tout à l'heure des effets de la réversion plus difficiles à admettre.

Chute de la pluie dans un étang calme. — Voici une goutte de pluie en l'air, qui va tomber dans l'eau d'un étang calme. Sa forme est sphérique et très-stable, par l'effet de la tension capillaire d'une mince couche superficielle d'eau. Dès que le dessous de cette enveloppe tendue touche l'eau de l'étang, ce sac capillaire est crevé à son point le plus bas, il se contracte vivement, et chasse l'eau qu'il renfermait au travers de l'eau stagnante. L'eau de la goutte pénètre ainsi dans l'étang avec la vitesse de chute de la goutte, augmentée du surcroît de vitesse dû à la contraction rapide du sac capillaire. Aussitôt après, l'eau de la goutte, ainsi noyée, se transforme en un tourbillon grossissant en forme de pomme, parce que l'eau ambiante qu'elle déplace en dessous d'elle revient en dessus, puis redescend par le diamètre vertical. Ce tourbillon se recrute ainsi en descendant, aux dépens de l'eau de l'étang, par l'effet connu sous le nom d'entraînement latéral; et son centre de gravité se ralentit, sa vitesse du haut en bas étant à chaque instant en raison inverse du cube du diamètre acquis, suivant la loi des quantités de mouvement. Si l'eau de la pluie était colorée, elle dessinerait l'axe courbe annulaire du tourbillon en pomme. C'est exactement le mécanisme de la génération des jolies couronnes de fumée de l'hydrogène phosphoré; et chacun peut s'assurer du fait en laissant tomber d'un peu haut une goutte de vin rouge ou d'encre dans un verre plein d'une eau bien calme. Et en même temps que l'eau de la goutte descend dans la profondeur en se ralentissant, la surface de l'eau de l'étang oscille au-dessus et au-dessous de son niveau moyen, d'abord au point où la goutte a pénétré, puis cette oscillation se propage tout autour, en dessinant à la surface libre de l'étang des cercles grandissants, alternativement saillants et

creux : ce sont les ronds dans l'eau, si chers à tout
flâneur.

Opérons maintenant la réversion des mouvements,
en appliquant cette opération à chaque atome d'eau
du tourbillon en pomme, ainsi qu'à chaque atome
de l'étang qui participe aux mouvements ondulatoires
de la surface, et même aux atomes de l'air que la
goutte de pluie a ébranlés pendant sa chute avant de
toucher l'étang, et même encore aux atomes d'air
atteints après la chute par l'onde sonore du petit
bruit qui s'est produit au moment de la pénétration,
et voyons les conséquences.

Voyez-vous le tourbillon en pomme qui se met à
tourner à rebours du bon sens ? L'eau s'y élève par
son diamètre vertical et redescend en traversant son
plus grand contour horizontal, en contournant la surface bombée qui sépare l'eau tourbillonnante de l'eau
ambiante et calme ; tout le tourbillon réverti remonte
avec une vitesse croissante, et son diamètre diminue,
parce qu'il abandonne en repos autour de lui les cou-
ches d'eau dont il s'est recruté lorsqu'il descendait.
En même temps, les ronds dans l'eau superficiels reviennent à leur centre en diminuant de diamètre et
en augmentant de hauteur, et ils se referment au point
où l'eau de la goutte revient toucher la surface de l'é-
tang ; en même temps, l'ébranlement sonore excité
dans l'air revient à son centre, et ces trois systèmes de

mouvements moléculaires se réunissent ensemble à point nommé. Il en résulte une protubérance jaillissante qui s'étrangle par-dessous et referme le sac capillaire sphérique, et voilà la goutte de pluie refaite qui commence à remonter en l'air. Puis toutes les molécules d'air que la goutte en tombant avait dérangées de leur mouvement, viennent lui restituer les actions qu'elles en ont reçues. Ceci commence bien à froisser un peu le bon sens : ce sera bien mieux si, au lieu d'une seule goutte de pluie, nous considérons toute une averse, composée de millions de gouttes inégales, ayant des vitesses inégales, qui, pendant leur chute réelle, se sont souvent rencontrées deux à deux et fondues en une seule goutte plus grosse. Passons.

Cassage d'une pierre. — Je regarde travailler un cantonnier qui casse des pierres avec un marteau sur une enclume. Voici une pierre qui est comprimée par le choc entre l'enclume et le marteau; le dessus et le dessous de la pierre pénètrent dans son intérieur en allant au-devant l'un de l'autre, et en produisant vers le milieu de la hauteur des tensions horizontales qui écartent les parties latérales au delà des limites de l'élasticité ; la cohésion se trouvant rompue suivant certaines surfaces de moindre résistance, il se forme des fissures intérieures, qui s'étendent ensuite jusqu'à la surface de la pierre, et qui la divisent en fragments; enfin ces fragments, poussés par ces deux sortes de coins que le choc du marteau et la résistance de l'enclume ont enfoncés dans l'intérieur, jaillissent suivant diverses directions à peu près horizontales. Puis chaque fragment devient ce qu'il peut, toujours suivant la loi générale de la dynamique. J'opère maintenant la réversion des vitesses, non-seulement dans la masse totale de chaque fragment, mais dans le détail de tous ses mouvements moléculaires ; il est bien entendu que j'embrasse aussi dans la réversion chaque mouvement moléculaire qui s'est produit dans le marteau, dans l'enclume, dans le sol au-dessous et dans l'air ambiant.

Voyez-vous les fragments de pierre qui viennent se rejoindre et se recoller entre l'enclume et le marteau, et renvoyer celui-ci en l'air, après quoi la pierre a retrouvé sa forme, sa cohésion, sa dureté, toutes ses propriétés physiques, telles qu'elles étaient avant le cassage ? Il me semble que le froissement du bon sens augmente un peu. Cependant je ne sors pas d'une application rigoureuse de la loi générale de la dynamique.

Cône d'éboulis au pied d'un rocher escarpé. — Un observateur habitué à se fier au bon sens regarde, au pied d'un grand escarpement de rocher, un cône de pierraille, composé de fragments de diverses grosseurs, disposés dans une figure à peu près conique, aux profils verticaux un peu concaves : il remarque que ces pierres incohérentes, toutes anguleuses, sont de la même nature minéralogique que le rocher escarpé qui les domine ; que les plus gros fragments anguleux se trouvent généralement au bas de l'entassement conique, et les plus petits vers le haut ; il observe encore que chaque pierre est tournée le plus souvent dans une des directions les plus propres à arrêter son mouvement, en supposant qu'elle soit arrivée d'en haut en tournant et en rebondissant plusieurs fois à la surface du tas des autres pierres, lorsque ce tas existait déjà avec une forme sensiblement identique à la forme actuelle. De toutes ces remarques, l'homme de bon sens conclut que le rocher supérieur laisse tomber de temps en temps des fragments de lui-même, de diverses grosseurs, qui bondissent plus ou moins facilement sur le tas déjà ancien, selon que la masse et le volume de chaque fragment le rend plus ou moins propre à prolonger la série de ses bonds descendants ; que ce tas est un cône d'éboulis qui s'est formé peu à peu de fragments détachés un à un du rocher, à des intervalles de temps assez longs pour que chacun d'eux soit allé s'arrêter à sa place, sans être gêné dans sa descente par d'autres blocs descendant avec lui et le touchant presque continuellement. En un mot, notre observateur remonte par le raisonnement, de la description actuelle de l'éboulis, à la connaissance générale de sa formation et des principaux détails de cet effet naturel. Et dès que ces détails un peu nombreux se sont expliqués séparément, puis enchaînés entre eux et classés logiquement dans la pensée de l'observateur, il ne conserve pas le moindre doute sur l'origine et la formation du cône d'éboulis aux dépens du rocher supérieur.

Survient alors un géomètre doué d'une foi robuste dans la certitude de toutes les formules mathématiques, jointe à un dédain profond de tout ce qui n'entre pas dans ces formules, et qu'il qualifie de métaphysique; je suppose que ce géomètre ait examiné la théorie de la réversion, et reconnu que tout phénomène réel est théoriquement réversible. En conséquence il affirme tranquillement à notre observateur que ses conclusions sont douteuses; qu'on peut croire tout aussi bien que ce n'est pas le rocher qui a fourni les matériaux du cône que l'on prétend être formé d'éboulis, mais qu'au contraire le cône a été autrefois plus grand qu'à présent, qu'il décroîtra dans l'avenir en envoyant en haut des pierres qui monteront jusqu'au rocher et s'y colleront. Pour le prouver, il invoque la réversion des mouvements moléculaires, qui subsistent certainement quelque part après que chaque fragment tombé du rocher s'est arrêté.

Là-dessus l'homme de bon sens ne pourra pas s'empêcher de conclure que le géomètre est un peu fou, qu'il brouille à plaisir les causes et les effets. Et s'il est assez franc pour le dire tout haut, le géomètre lui répondra que cette distinction subtile des causes et des effets n'est point mathématique, puisque rien ne l'exprime dans les formules; que la théorie de la réversion est rigoureusement mathématique, c'est-à-dire infaillible; que vouloir distinguer les causes des effets, c'est faire de la métaphysique. Or, puisqu'on a vu des métaphysiciens faire de leur science quelque chose d'inintelligible, du galimatias simple ou double, il est sage de bannir des sciences sérieuses tout ce qui est métaphysique, et notamment la distinction des causes et des effets.

Je ne dis pas encore à qui je donne raison dans ce débat. Je remarquerai seulement qu'il serait facile de multiplier les exemples de réversions choquant le bon sens universel, sans sortir de l'ordre purement physique, et en se laissant simplement guider par la loi générale de la dynamique, telle que les géomètres l'ont formulée. Et comme rien n'autorise à assigner des bornes quelconques à l'étendue et à la variété du monde physique; comme d'ailleurs toutes les combinaisons possibles de vitesses des éléments matériels à un instant donné sont également probables, il est hautement probable, ou plutôt il est certain qu'il existe quelque part, dans les profondeurs de l'immensité, un monde où tous les phénomènes physiques dont nous sommes témoins se passent en ordre inverse. Ce monde, que vous jugez être à rebours du bon sens, est simplement à rebours de vos habitudes. Là la lumière va de l'espace céleste vers les soleils; là les actions chimiques, électriques, élastiques, caloriques, que nous connaissons, se produisent à rebours de nos expériences, et leurs explications et leurs lois sont les mêmes que chez nous, sauf la distinction subtile des causes et des effets. Dans ce monde à rebours existent aussi des règnes organiques dont nous indiquerons sommairement quelques particularités singulières dans les chapitres suivants.

IV

Réversion dans le règne végétal.

Depuis une poire pourrie jusqu'au bourgeon à fruit. — Voici une poire pourrie composée de certains atomes de

Carbone, azote, oxygène, hydrogène (1).

Il faut seulement étendre le système dont cette poire fait partie à tout ce qui a contribué, directement ou indirectement, à sa formation et à sa pourriture. Opérons maintenant la réversion dans ce système ainsi complété.

Voyez-vous cette poire qui se dépourrit, qui redevient fruit mûr, qui se recolle à son arbre, puis redevient fruit vert, qui décroît, et redevient fleur flétrie, puis fleur semblable à une fleur fraîchement éclose, puis bouton de fleur, puis bourgeon à fruit, en même temps que ses matériaux repassent les uns à l'état

(1) Ce vers est tiré du discours d'Ammos, démon de la chimie, qui, dans le *Pandæmonium*, propose de refaire l'enfer, dans lequel, au dire le ce savant chimiste :
Pour être dieux ici, pour faire un monde,
Nous avons Tout, *Matière et Mouvement*.

d'acide carbonique et vapeur d'eau répandue dans
l'air, les autres à l'état de séve, puis à celui d'humus
ou d'engrais dans la terre autour du chevelu des racines du poirier?

*Depuis les feuilles mortes et le bois pourri, jusqu'aux
graines des arbres.* — Prenons encore pour exemple
les feuilles mortes tombées des arbres d'une forêt,
et les bois pourris qui ont fait partie des arbres qui
on vécu autrefois dans la forêt. Le système étant
dûment complété, de manière à embrasser tous les
corps qui ont contribué, par leurs actions successives,
à former et à modifier ces feuilles et ce bois, tant
dans leur composition chimique que dans leurs
formes et leur structure organique et dans leurs situations relatives, opérons la réversion des vitesses
dans tous les atomes du système ainsi complété.

Voyez-vous ces bois pourris se dépourrir, se recoller en branches, en troncs, en racines vivantes?
Voyez-vous les feuilles mortes se raccrocher chacune
à sa place sur son arbre, en repassant de la couleur
brune au rouge, puis au jaune, puis au vert? Voyez-
vous ces feuilles se contracter en feuilles naissantes,
se réenvelopper en bourgeons, et les branches qui
étaient déjà durcies repasser par la consistance her-
bacée des jeunes pousses, pour décroître et se ren-
fermer en bourgeons, puis chaque arbre décroître
et redevenir une graine? Et il n'y a pas de raison

pour s'arrêter là, cette graine devant se démûrir, redevenir fleur passée, etc.

V

Réversion dans le règne animal.

Un carnassier et sa proie. —Voici un lion à la chasse
d'une gazelle, ou bien un renard qui mène un lièvre.
Le carnassier atteint sa proie, la tue, la mange, et sa
faim étant assouvie, s'endort dans son repaire pour
digérer tranquillement. Prenons ce moment pour
opérer la réversion.

Voilà les débris des os et de la chair de la proie
qui reviennent de l'estomac du carnassier dans sa
bouche, pour se reconstruire entre ses dents, et re-
constituer la proie toute vivante, puis elle recommence
à rebours tous les mouvements qu'elle exécutait pendant sa vie réelle ; le sang y circule de nouveau ; il
est rouge dans les artères, qui le ramènent vers le
cœur, et noir dans les veines, qui le distribuent dans
l'organisme pour y opérer la dénutrition des organes ;
et les deux bêtes se mettent à courir à reculons, le
carnassier s'enfuyant affamé devant le derrière de son

ex-proie. Cela doit se passer ainsi dans le monde dont nous avons signalé ci-dessus la possibilité, dans ce monde que les gens de simple bon sens qualifieront d'insensé. Mais il n'est pas moins infiniment probable que cela existe réellement quelque part, si toutefois tout est matière et mouvement, et si la distinction des causes et des effets n'est qu'une subtilité métaphysique inutile.

Depuis le cadavre jusqu'à l'œuf. — Haller, le grand physiologiste, a posé cet adage, considéré généralement comme axiome : « *Omne vivum ex ovo* : Tout ce qui vit vient d'un œuf. » Commençons par compléter ce résumé descriptif de la vie organique, en disant : « *Omne vivum oritur ex ovo, et desinit in cadaver* : Tout être vivant sort d'un œuf et finit en un cadavre. » Mais dans ce monde qui nous semble si singulier, et qui n'est que la reproduction révertie du monde où nous sommes, c'est le contraire qui a lieu ; là, « *Omne vivum oritur ex cadavere, et desinit in ovum* : Tout être vivant sort d'un cadavre et finit en un œuf. »

La réversion dans le darwinisme. — La singularité des résultats de la réversion va croissant, si l'on essaie de l'appliquer aux générations successives dans les deux règnes organiques ; elle ne devient pas plus raisonnable, si l'on admet toutes les doctrines de Darwin. Ainsi, pour l'adaptation des êtres vivants aux conditions du milieu ambiant, Darwin admet que certains procédés, agissant fatalement, modifient peu à peu les espèces, de manière à les adapter de plus en plus à ces conditions ; mais avant que cette adaptation fût opérée, ces espèces étaient apparemment adaptées à d'autres conditions, à celles des milieux anciens où leurs ancêtres avaient vécu. Dans cette hypothèse, l'organisation d'une espèce est stable quand l'adaptation est achevée, et demeure telle tant que le milieu ne change pas ; mais, si le milieu est en cours de changement, le travail d'adaptation doit reprendre son cours, et rester un certain temps en retard sur l'état contemporain du milieu. Eh bien , dans le monde à rebours que nous considérons maintenant, l'état de chaque espèce est en avance sur l'état contemporain du milieu supposé en train de varier, tout juste autant que dans notre monde réel elle aurait été en retard. Ainsi le naturaliste philosophe qui habiterait ce monde à rebours, se verrait forcé de voir des causes finales dans les changements mêmes où le darwinisme ne voit qu'une action fatale du milieu.

S'il m'en souvient bien, Darwin explique l'adaptation des espèces vivantes au milieu où elles vivent par deux procédés, naturels et fatals, qu'il appelle la Bataille pour la vie et la Sélection naturelle. Mais j'avoue que je ne sais comment imaginer ce que deviendraient ces deux procédés, dans un monde où tout ce que nous voyons se reproduirait en ordre inverse. Je laisse cela à de plus habiles que moi.

Équilibre dynamique et chimique des deux règnes organiques. — Depuis la mémorable *leçon de clôture* du cours de chimie organique de Dumas à l'École de médecine (vers 1840), on sait que.le règne végétal, considéré en masse au point de vue chimique, fonctionne comme un grand appareil de réduction, et le règne animal comme un appareil de combustion. Le premier, à l'aide de la force vive fournie par le soleil à la terre sous forme de lumière, décompose les corps brûlés répandus dans l'atmosphère, et met en réserve les combustibles dans les organes des végétaux, en laissant l'oxygène libre dans l'atmosphère. Et en même temps les animaux se nourrissent des substances combustibles réduites chimiquement par les plantes, puis ils brûlent, dans l'exercice de leurs fonctions vitales, ces mêmes matières avec l'oxygène que la végétation a rendu libre ; et cette combustion est une source de chaleur, où l'organisme animal trouve tous les travaux mécaniques nécessaires à sa vie. Ces deux grands règnes se présentent ainsi comme deux grands appareils chimiques, dont chacun est nécessaire aux fonctions de l'autre.

Dans le monde à rebours ou réverti que nous considérons, les deux règnes organiques opèrent en sens inverse de ce que nous connaissons. La respiration animale prend l'acide carbonique dans l'air, garde le

charbon et même l'hydrogène pour enrichir le sang
de matières combustibles, et celles-ci, entre les dents
des animaux, s'assemblent en organes végétaux ; puis
les plantes ainsi constituées décroissent en brûlant
leurs matériaux combustibles, et rendent à l'air ces
matériaux brûlés. Il semble bien difficile, sinon tout
à fait absurde, de concevoir cette marche à rebours.
Cependant il le faut bien, si l'on ne veut reconnaître
une lacune essentielle dans la mécanique rationnelle.

VI

Réversion dans l'ordre intellectuel et moral.

Rôle fictif continué pour un moment. — Dans le rôle
de matérialisme et de fatalisme que je tâche de jouer
de mon mieux, faut-il admettre que la pensée est
une matière ou bien un mouvement ? Je n'attri-
buerai pas à ce rôle de mécanicien fataliste la confusion bizarre que les jeunes polytechniciens mettent
dans la bouche d'un docteur militaire qui assure que
« nous savons, en physiologie, que le centre de gra-
« vité est une petite vésicule située près du cœur qui
« sécrète le mouvement. » Cette facétie est une digne
réponse à la jolie théorie que, dans leur malice, ces

jeunes gens veulent bien attribuer à un soi-disant officier de cavalerie, qui assurerait que « quand le « cheval est au repos, son centre de gravité coïncide « sensiblement avec son centre de figure ; mais quand « le cheval prend le galop, son centre de gravité se « porte à 1^m.30 en avant du poitrail : autrement pour- « quoi courrait-il ? » J'accorderai au physicien maté- rialiste dont je veux jouer le rôle un peu plus de bon sens ; il ne confondra pas la matière avec le mouve- ment ; il ne dira donc pas que « le cerveau sécrète la « pensée comme le rein sécrète l'urine. » Mais il assu- rera que la pensée n'est qu'une fonction organique du cerveau, c'est-à-dire réellement une fonction méca- nique, autrement dit un certain système de mouve- ments imprimés à certaines matières ; il dira, par exemple, que le cerveau produit la pensée, comme le larynx produit la voix, en imprimant certaines vi- brations à l'air envoyé par le poumon dans cet in- strument sonore. Cela posé, nous comprendrons la sensation, ainsi que tous les autres attributs de la pensée, dans les mouvements physiques de nos or- ganes à la suite des impressions reçues du dehors. Et en leur qualité prétendue de mouvements phy- siques, c'est-à-dire matériels, ces actes de la pensée seront tous réversibles.

Réversion de la sensation. — Voici deux physiciens qui font ensemble des expériences sur la propagation des vibrations sonores dans un tuyau. A cet effet, étant munis chacun d'un bon chronomètre, ils se sont placés aux deux bouts d'un tuyau de 3400 mètres de long ; l'un d'eux parle en plaçant sa bouche devant un bout du tuyau, et l'autre observateur, prêtant l'oreille à l'autre bout, entend les paroles avec une dizaine de secondes de retard. Maintenant opérons la réversion, et voyons ce qui va se passer.

Un de nos physiciens, collant son oreille à un bout du tuyau, entend dans sa pensée certaines paroles, *ensuite* les sons de ces paroles vibrent dans l'oreille de l'observateur, *après quoi* ils se propagent dans le tuyau ; et *après* une dizaine de secondes ils arrivent à l'autre bout du tuyau, où ils rentrent dans la bouche de l'autre physicien. Ainsi la sensation sonore a *précédé* d'environ dix secondes les mouvements vibratoires produits dans la bouche et le larynx de l'autre physicien. J'espère que voilà une jolie permutation de fonctions entre la cause et l'effet.

Si cet intervalle de temps d'une dizaine de secondes vous paraît trop court pour froisser vivement votre bon sens, c'est que vous ne savez pas qu'aucune durée n'est *en elle-même* grande ou petite ; prenons donc un autre exemple. Les astronomes nous assurent qu'il y a dans le ciel telle étoile changeante située si loin de nous, que sa lumière ne nous arrive qu'en trois mille ans, et que, lorsque nous observons un changement d'intensité ou de couleur dans cette lumière, nous lisons un article de l'histoire de cette étoile qui date réellement de trois mille ans. Eh bien, opérons la réversion dans la propagation de la lumière entre cette étoile et nous : alors, quand nous la verrons changer d'éclat ou de couleur, nous serons témoins de son avenir, nous verrons ce qui se passera dans trois mille ans dans ce monde lointain. Or, pour le bon sens, la difficulté de lire ainsi l'avenir dans le présent, de percevoir la sensation avant le phénomène qui est son objet, est la même, qu'il s'agisse d'une avance d'une seconde ou d'un million de siècles.

Réversion de la mémoire et de la volonté. — C'est par la mémoire que chacun de nous a conscience de l'identité de la personne qu'il est maintenant, et de la personne qu'il était il y a une heure, un jour, un an, dix ans. Mais pour les habitants du monde à rebours que j'essaie de décrire, c'est l'avenir qui est connu par une faculté inverse de celle que nous appelons mémoire. De même que notre passé nous est plus ou moins connu, tandis que l'avenir nous est presque toujours caché, de même, pour ces gens-là, c'est l'avenir qui est généralement connu, et le passé qui est aussi voilé par l'oubli que l'avenir est caché pour nous. Remarquez aussi que ces gens-là marchent à reculons, et cependant ce qui se trouve sur le chemin qu'ils viennent de parcourir tout à l'heure en reculant leur échappe, quoique situé devant leurs yeux ; ce qu'ils connaissent, c'est ce qui se trouve derrière leur tête, sur la partie du chemin qu'ils vont bientôt parcourir à reculons, et qui est hors de la portée de leurs yeux.

Nous autres, nous voulons d'abord, et ensuite nous exécutons plus ou moins complétement, selon notre pouvoir, ce que nous avons voulu : dans ce monde à rebours on fait d'abord, et après l'action on se décide à avoir fait.

Réversion de l'ordre des générations. — Dans ce monde extraordinaire, les gens naissent en sortant de terre à l'état de cadavres, qui prennent vie et deviennent d'abord des corps malades, après quoi ils entrent en santé à tous les âges. Ils sortent de terre, les uns vieillards, et les autres enfants, puis ils rajeunissent à mesure que le temps s'écoule, et tous, sans exception, deviennent semblables à nos enfants naissants, puis disparaissent fatalement dans le sein d'une mère. Au delà de ce singulier genre de mort, il devient de plus en plus difficile de comprendre les effets de la réversion.

Réversion dans l'ordre moral. — N'oublions pas que, dans ce moment, je joue le rôle d'un philosophe matérialiste, convaincu que TOUT est matière et mouvement, d'où il suit, en vertu de la loi mathématique de la dynamique, que tout phénomène réel, sans exception, est théoriquement réversible. Il faudrait donc montrer ce que deviennent, dans un monde complétement réverti, la liberté morale, la responsabilité morale, le bien et le mal, la justice et l'injustice, les peines et les récompenses. Ce serait le bouquet de ce feu d'artifice d'absurdités. Mais je ne suis pas de force à composer ce bouquet, et peut-être n'oserais-je pas le tirer, si j'avais assez d'imagination. Je laisse donc cela à de plus habiles ou à de plus hardis.

VII

Conclusion.

Car il est temps de jeter ce masque de matérialisme et de fatalisme qui ne me va pas, et de dire vraiment ce que je pense.

Rang de la mathématique dans la science humaine. — Il est donc évident que la mécanique n'est pas la science universelle; la mécanique ne peut être, en effet, que la mathématique complète. Son objet se borne à déterminer idéalement l'ordre dans lequel les phénomènes matériels peuvent se développer.

Cet ordre complet embrasse tout ce qui est quantité, et rien autre ; mais tout n'est pas quantité. Il n'y a de quantité que les choses idéales ou réelles, qui peuvent être doubles, triples, quadruples, et, en général, multiples les unes des autres. Ainsi les qualités intellectuelles et morales, de même que les états momentanés de l'intelligence et de l'âme, ne sont point des quantités ; car, par exemple, ce serait un pur non-sens de parler d'une habileté double ou triple d'une autre, d'un courage ou d'une lâcheté triple ou quadruple d'une autre. Rien de tout cela n'est du domaine de la mathématique, car rien de tout cela n'est quantité.

D'ailleurs, les quantités concrètes dont l'étude constitue les diverses branches de la mathématique sont purement intelligibles et non réelles. Les Allemands (?) disent avec raison que ces quantités mathématiques pures sont des noumènes et non des phénomènes. Ainsi l'objet de la géométrie est (suivant Abel Transon) l'espace intelligible et non l'espace réel. A quoi il faut ajouter, si l'on veut enseigner la théorie mathématique du Temps, que le Temps mathématique n'est point la succession réelle des faits, mais seulement la succession intelligible ; puis, de même, que les masses et les forces qui complètent l'objet de la mathématique sont des masses intelligibles et des forces intelligibles, mais non des masses et des forces réelles. Le mathématicien complet doit construire *dans sa pensée* un ordre intelligible de noumènes, dans lequel puisse s'encadrer et s'expliquer l'enchaînement des phénomènes physiques, et cet ordre doit être complété autant que possible avant toute application à la réalité.

Cette conception de l'objet de la mathématique complète, y compris la mécanique rationnelle, montre que cette science ne peut être au fond qu'une branche de la métaphysique et de la logique, et je dirai même une branche très-secondaire, eu égard à son objet restreint aux quantités. Mais cette science tout entière est cependant purement idéale, et c'est une erreur grossière de la considérer comme une science matérielle (1).

(1) Au dire de Plutarque (*Vie de Marcellus*), « la mécanique eut, « pour premiers inventeurs, Eudoxe et Architas.......

.... « Mais quand Platon leur eut reproché avec indignation « qu'ils corrompaient la géométrie, qu'ils lui faisaient perdre toute « sa dignité, en la forçant, comme une esclave, de descendre des « choses immatérielles et purement intelligibles aux objets corporels « et sensibles; d'employer une vile matière qui exige le travail des « mains, et sert à des métiers serviles : dès lors la mécanique « dégradée fut séparée de la géométrie; et, longtemps méprisée par « la philosophie, elle devint un des arts militaires. » Si Plutarque ne s'est pas trompé en attribuant à Platon ce singulier arrêt de dégradation prononcé contre une grande branche de la science, ou plutôt contre le couronnement de la mathématique, dont la géométrie n'est qu'une branche, c'est un exemple remarquable de la faiblesse de l'esprit humain dans le divin Platon. Car il ne pouvait pas ignorer qu'il y avait eu des arpenteurs avant que les penseurs se fussent avisés d'extraire la science idéale de l'espace intelligible des procédés trouvés

Suivant un vieux proverbe, l'exception confirme la règle : il faut entendre par là qu'une règle bien formulée contient dans son énoncé logique la définition, explicite ou implicite, des limites entre lesquelles elle est applicable. De même, plus généralement, une science particulière quelconque doit d'abord définir où délimiter nettement son objet ; et à cette condition, la certitude des solutions appartenant légitimement à cette science partielle sera confirmée ou consolidée, et non ébranlée, quand on reconnaîtra que telle ou telle question est en dehors de l'objet de cette science. Ainsi, pour la mathématique, son objet est la quantité, c'est-à-dire toute chose répondant à la question *quantum*, combien? En dehors de ce qui est vraiment quantité, ou de ce qui peut être doublé, triplé, quadruplé, multiplié par un nombre quelconque, les méthodes propres à la science

avant eux par ces arpenteurs, dont le métier a donné son nom à la géométrie la plus purement idéale. Avec un peu moins de mépris pour les travaux des esclaves, Platon aurait compris que la mécanique cultivée par cet Eudoxe et cet Archytas était au fond aussi purement intellectuelle que la géométrie elle-même ; qu'elle n'était pas plus matérielle que la géométrie, quoique, bien avant eux, les charpentiers, les maçons et les architectes eussent été des mécaniciens pratiques ; de même que les arpenteurs et d'autres ouvriers avaient pratiqué la géométrie appliquée, avant que les penseurs eussent le loisir de cultiver la géométrie idéale. Et cependant cette fausse dégradation de la mécanique subsiste encore dans le préjugé de bien des penseurs. Leur erreur est au moins excusable, eu égard à la prétention insensée de certains géomètres-mécaniciens, qui veulent ramener toute la vérité à leur mécanique rationnelle. Mais ce n'est pas moins une erreur.

des quantités ne peuvent conduire qu'à l'erreur ou bien à de purs non-sens.

En fait, les mathématiciens sont sujets à l'erreur, au moins autant que les autres penseurs. Le genre d'erreur auquel ils sont le plus exposés vient de ce qu'ils ne méditent pas assez sur les axiomes, et surtout sur les définitions, sous prétexte que ces choses dépendent du simple bon sens. Par une suite fâcheuse de cette négligence, il leur arrive plus souvent qu'on ne croirait d'outrager le bon sens, en quoi ils dépassent infiniment leur droit.

Il est bon de savoir que le travail intellectuel qu'exige l'étude sérieuse de la mathématique comprend deux parties essentielles, savoir : 1° la construction des idées, qu'on exprime ensuite par des définitions, ce qui est du ressort de la métaphysique, et 2° la reconnaissance des relations de ces idées entre elles. Cette deuxième partie de l'étude mathématique s'opère de deux manières, par intuition pour les axiomes, et par démonstration pour les théorèmes. Mais la limite entre les axiomes et les théorèmes n'a rien d'absolu ni de constant ; elle varie d'une époque historique à une autre ; elle varie pour le même individu dans le cours de sa vie, à mesure qu'il comprend mieux ce qu'il a appris par voie démonstrative. La nécessité du travail démonstratif ne vient que de la faiblesse, du défaut de pénétration de notre intuition.

Cette nécessité serait de plus en plus restreinte pour des intelligences de plus en plus clairvoyantes ; si bien que le bénéfice intellectuel le plus net que puisse procurer l'étude mathématique bien faite, c'est précisément d'agrandir l'intuition, c'est de rendre intuitives quelques-unes des notions qu'on a acquises péniblement par démonstration. Mais l'intuition appartient au bon sens. Il faut donc que certains géomètres aient l'intelligence singulièrement faussée ou estropiée, par l'abus des méthodes démonstratives, lorsqu'ils en viennent à outrager le bon sens sans sourciller.

Il y aurait assurément à faire, à ce point de vue, un travail de critique sévère d'une haute utilité, pour signaler, dans la science actuelle, les erreurs et les lacunes, plus nombreuses qu'on ne croit, dans les notions mathématiques fondamentales, erreurs ou lacunes qui se manifestent quelquefois dans les vices de la nomenclature. Ce serait là une liste de *desiderata*, après quoi il faudrait tâcher de corriger les erreurs et de remplir les lacunes. Il faudrait pour cela de fortes méditations des géomètres-philosophes, ou des philosophes-géomètres, deux genres de savants trop peu nombreux. Je n'essaierai certainement pas de donner une liste, même très-incomplète, des desiderata qui subsistent dans les fondements mêmes de la science, ni *à fortiori* de combler ces lacunes. Je me bornerai, comme conclusion de cette étude sur la réversion des mouvements physiques, à signaler un petit nombre de ces desiderata, en appelant sur ces questions les méditations des hommes assez clairvoyants pour y jeter la lumière désirable.

Distinction mathématique entre le passé et l'avenir. — Je sais bien qu'aucun géomètre, au fond de sa pensée, n'est prêt à oublier cette distinction essentielle ; la confusion que j'ai essayé d'établir entre l'avenir et le passé n'est réellement qu'un sophisme ixyphagique. Mais enfin les ixyphages sont nombreux. Et d'ailleurs qu'importe? Ce que je réclame, c'est l'introduction, dans l'emploi mathématique du temps, de quelque condition expressément manifestée par la notation, qui ne permette pas ce sophisme. Si on symbolise le temps par un point qui se meut sur une ligne droite, il faudrait donner à cette ligne symbolique une qualité spéciale, laissant ce point se mouvoir dans un seul sens et s'opposant à tout mouvement rétrograde, comme une barbe d'épi de blé (arista), sur laquelle on peut passer le bout du doigt facilement dans un sens et qui accroche le doigt quand on veut le faire glisser à rebours sur cette arista (1).

(1) Il est curieux de remarquer l'étymologie probable du terme géométrique arête : je suppose que les charpentiers latins, avant de savoir le premier mot de la géométrie des Grecs, avaient observé que, lorsque deux traits de scie qui se croisent dans un morceau de bois tendre laissent une ligne en saillie, les bouts de fibres déchirées

De la causalité. — Les notions de cause et d'effet appartiennent essentiellement à l'ordre du temps, l'effet étant nécessairement postérieur à sa cause. Il faudrait, dans l'expression mathématique de la génération des phénomènes physiques les uns par les autres, rendre explicite la distinction de ce qui est cause et de ce qui est effet. A défaut, les cas absurdes de réversibilité dont on a vu ci-dessus quelques exemples deviennent logiques, ce qui implique contradiction.

Il faut d'ailleurs remarquer que des faits de l'ordre intellectuel et de l'ordre moral, qui sortent du domaine de la physique, sont cependant dans l'ordre du temps, puisqu'ils sont successifs par nature. Mais il en est autrement des vérités mathématiques, qui ne s'engendrent point successivement, quoique nous ne puissions en prendre connaissance que successivement. C'est à bon droit que Kepler a qualifié la géo-

dont cette ligne est hérissée scient la main qui se promène sur cette ligne, comme une barbe d'épi scie le doigt que l'on glisse dessus à rebrousse-poil ; c'est pourquoi ils nommèrent cette ligne *arista* (en français arête et en italien spigolo). Quant au nom de *linea*, il faut sous-entendre *fides*, ficelle ; c'est la ficelle de lin dont ces charpentiers antiques se servaient pour « battre une ligne » sur un tronc d'arbre à équarrir. De même le point, *punctum*, est le participe du verbe poindre ou piquer, *pungere*, sous-entendu « petit trou , *parvum foramen.* » Quant à *centrum*, c'est un *poinçon* qu'on laisse dans le trou quand on a besoin d'y recourir souvent en y attachant une ficelle de lin. Il ne me semble pas douteux que ces charpentiers latins voyaient nettement dans leur pensée les figures purement intelligibles représentées grossièrement par ces images matérielles.

métrie *coæterna Deo*; la vérité d'un théorème ne date réellement pas de l'époque où un homme en a acquis la connaissance; il était déjà vrai avant qu'un homme l'eût découvert, et il ne cesserait point d'être vrai si la science humaine l'oubliait après l'avoir su. Ainsi toutes les vérités théoriques sont hors de l'ordre du temps; mais la connaissance que nous en pouvons avoir, toujours limitée et incomplète, varie continuellement en étendue, tantôt en s'agrandissant par l'étude, et tantôt en s'obscurcissant par le sophisme ou par l'oubli. Il faudrait que ces distinctions fussent toutes exprimées dans la branche peu cultivée de la mathématique dont le Temps est l'objet.

Action physique des volontés. — Les volontés des êtres vivants que nous observons peuvent-elles exercer une action sur la matière? On répond non, et pour le prouver on montre assez bien (?) que le travail musculaire est une simple transformation de la force vive chimique emmagasinée dans les substances combustibles et comburantes approvisionnées dans l'organisme. Quand je veux élever d'un mètre un poids d'un kilogramme, ce travail mécanique d'un kilogrammètre est exécuté par mes muscles, qui transforment ainsi une certaine quantité de chaleur, un quatre-cent-vingtième de calorie, chaleur fournie par la combustion d'une petite quantité des corps gras contenus dans le sang qui coule dans les vaisseaux capillaires ; l'oxygène pour cette combustion est fourni par la réduction d'un peu d'oxyde de fer, conduit par les artères à l'état de peroxyde, et qui, dans les capillaires, passe à l'état de protoxyde. L'action de ma volonté n'a fait, dit-on, que lâcher la détente à du travail chimique approvisionné dans l'organisme. On compare cela à la propulsion d'une balle dans un fusil, qui est la transformation mécanique d'un travail chimique approvisionné dans la cartouche, dû aux travaux antérieurs qui ont formé le soufre, le charbon et le nitre. Mais le doigt de l'homme qui tire le fusil n'a fait que lâcher la détente : c'est fort bien, le travail employé pour lâcher cette détente est réellement distinct de celui qui fournit la propulsion, et sa quantité est relativement minime ; mais ce petit travail, qui fait développer un autre travail beaucoup plus grand en réserve dans la poudre, ce travail de la détente a beau être petit en comparaison, il n'est pas nul, et il faut qu'il soit pris quelque part où il était approvisionné, ou bien qu'il soit créé à neuf par la volonté.

On dit à cela que le doigt du soldat est mis en jeu par les muscles de l'avant-bras, lesquels prennent ce travail dans le travail chimique où du sang rouge se change en sang noir ; et pour ce travail musculaire les nerfs du soldat n'ont fait aussi que lâcher la détente de la machine organique nommée muscle, laquelle est une vraie machine thermique brûlant de la graisse. C'est bien, mais quelque légère que soit la substance qui, dans les nerfs, lâche ainsi la détente du travail qui se développe dans les muscles, le travail nerveux employé à lâcher la détente n'est pas nul : où est-il pris? par quoi est-il fourni ?

Si l'on répond à cela que le tissu nerveux lui-même est aussi une machine thermique brûlant de la graisse, cette réponse ne résout rien du tout. Car le sang rouge prêt à devenir noir est présent dans les nerfs, prêt à fonctionner avant qu'un acte de la volonté le mette en activité ; il faut donc encore que la volonté lâche une détente dans le nerf, pour que celui-ci en lâche une autre dans le muscle. Il faut donc en venir à reconnaître que la volonté agit elle-même sur un élément physique, c'est-à-dire mécanique, auquel elle imprime directement une modification quelconque, c'est-à-dire un mouvement. Dans la réalité exclusivement physique, tout est matière et mouvement, et il n'y a pas de travail créé à neuf, il n'y a que des travaux préexistants qui se partagent et se transmettent sans augmentation, suivant la loi de la dynamique. Donc, puisque nous sommes forcés logiquement de reconnaître la création à neuf d'un travail par la volonté, travail aussi petit qu'on voudra, mais qui ne peut être absolument nul, la volonté est autre chose qu'une matière et autre chose qu'un mouvement.

Donc, dans la réalité complète, matière et mouvement n'est pas tout, quoique, dans la réalité seulement physique, tout soit matière et mouvement. Cette déduction pourrait servir à prouver que la substance qui veut n'est pas matière, si nous n'avions déjà conscience de ce principe par une intuition plus directe.

Toutefois il ne sera peut-être pas hors de propos d'insister sur les conséquences logiques de la faculté de vouloir. On peut dire que cet argument : « *Volo, ergo sum* : Je veux, donc je suis, » rentre dans l'argument plus général de Descartes « *Cogito, ergo sum*, Je pense, donc je suis. » Cet argument doit être d'ailleurs bien plus ancien que Descartes, car il semble qu'on en trouve une trace dans la philologie grecque et latine : le latin *mens* signifie littéralement « moi étant, » de même que le grec Μουσα ; ainsi, dans la pensée des Grecs, la Muse n'est autre chose que le Moi, l'Ame de l'artiste ayant la conscience de son être ; et comme chacun de nous sent, par le souvenir de ses pensées précédentes, l'identité de son être actuel avec l'être qu'il était précédemment, de là vient que les noms de la mémoire, en latin comme en grec, se composent de la répétition du radical *me* (mem, memn, mnem) (1). Tel est le sens profond

____

(1) De là aussi l'emploi du *redoublement* de la consonne initiale pour exprimer le *parfait* des verbes grecs réguliers et d'un grand nombre de verbes latins.

du mythe grec qui fait la Muse fille de Mémoire ; c'est-à-dire que l'âme de l'artiste n'a qu'une existence incomplète, incapable de la conscience du vrai, du juste et du beau, ne peut faire fonction de Muse sans le souvenir de son propre passé. De là vient encore que les langues néo-latines expriment l'identité par cette répétition du radical *me* (en français « même, » en espagnol « mismo, » en italien « medesimo, » et cette dernière forme peut s'analyser ainsi : « me da se me », un *moi* qui sent *en soi* qu'il est un *moi*). La première identité dont nous avons connaissance est celle de nous-mêmes avec nous-mêmes.

Mais il y a dans la volonté quelque chose de plus que dans les autres propriétés de la pensée, c'est son activité extérieure sur la matière. Il faut bien admettre *à priori* le premier des trois axiomes par lesquels débute le Livre des principes de Newton : « que si « un corps est en mouvement, il persiste à se mou- « voir toujours de même en ligne droite, tant qu'une « cause étrangère à ce corps ne vient pas modifier « son état. » Dès lors, puisqu'une volonté exerce sur la matière une action autre que le simple partage d'un mouvement déjà existant, la substance qui veut est autre chose que matière. L'intervention des volontés introduit, dans la série fatale des phases des mouvements purement physiques, un élément qui n'est pas fatal, qui n'est pas déterminé d'avance et pour toujours, qui, à la suite et par la puissance des actes des volontés, change pour l'avenir la série des mouvements commencée dans le passé. Mon âme, mon moi, ma personne, qui se connaît, se sent douée d'une certaine puissance d'action extérieure et d'une certaine liberté de choisir, sous la condition d'une certaine responsabilité. Après avoir choisi elle veut, et cette volonté engendre un mouvement nouveau. Le nouveau mouvement ainsi créé directement par la volonté est très-petit en quantité, mais il est connexe, sciemment ou non, avec certains mouvements formant une sorte d'approvisionnement, mis à la disposition de l'être volontaire, et coordonnés d'avance de manière que cet approvisionnement de mouvement se développe, quand je viens lâcher la détente, suivant un certain ordre, qui est le but de l'acte volontaire. Et tout cela, possession d'une puissance, connaissance de cette possession, adaptation de cette puissance à un but désiré, volonté déterminée d'agir, action effective, radicalement incompatible avec la notion de matière. Pour voiler cette incompatibilité absolue, il faudrait nous efforcer intérieurement d'éteindre en nous cette Lumière Primitive « qui illumine tout homme venant « au monde, » lumière que nous appelons modestement et fièrement le bon sens.

Des causes finales. — Ceci nous conduit à jeter en passant un coup d'œil sur les causes finales. Les adversaires de cette doctrine ont soin de diriger leurs attaques sur des questions partielles, dans lesquelles une ou plusieurs causes finales demandées échappent à notre intelligence bornée. Pour démontrer que les cornes qui servent d'armes aux bœufs et aux boucs ne leur ont point été données dans le dessein voulu de leur fournir des armes, ils remarquent que les cornes des moutons, contournées derrière leurs oreilles, ne valent rien comme armes offensives. C'est à peu près comme si l'on soutenait que nos chapeaux ne sont point du tout destinés à abriter notre tête contre la pluie, le vent et le soleil, sous prétexte que les dames portent souvent des chapeaux qui ne les abritent nullement contre les intempéries. Mais quand même on démontrerait l'existence d'une erreur dans l'exécution de quelque dessein inconnu, on ne prouverait pas qu'aucun dessein n'a jamais existé. On prouverait seulement que l'exécution de tel ou tel dessein peut dépendre du concours de plusieurs volontés, parmi lesquelles quelques-unes ne sont pas infaillibles dans leurs prévisions, ou bien peuvent être insuffisantes dans leurs moyens d'exécution, ce qui n'avait pas besoin d'être démontré. On prouverait encore que certaines dispositions peuvent être voulues en vue de plusieurs buts distincts, d'importance inégale, parmi lesquels plusieurs peuvent nous échapper, sans que nous ayons le droit de nier l'action d'une volonté plus ou moins intelligente, plus ou moins püissante. Voyons un peu quelques exemples, autres que les cornes des moutons.

Certains naturalistes, personnifiant et adorant la nature, de peur d'adorer Dieu, affirment dogmatiquement que « la Nature ne fait pas d'ornements ; » ils allèguent, à l'appui de cette opinion tranchante, que certains ornements servent dans la nature à autre chose qu'à manifester la beauté. C'est là déraisonner fortement ; ce qui est raisonnable, c'est de croire simplement, comme tout le monde, que les oiseaux chanteurs chantent pour s'amuser à faire de la belle musique, et quelquefois aussi dans l'intention volontaire de charmer les gens du voisinage, quand même cette musique leur servirait encore à autre chose qu'à être belle et à les amuser. L'amusement et la beauté font partie des fonctions utiles à la vie des êtres, et l'utilité de ces fonctions est multiple, tout comme les fonctions d'un même organe sont souvent multiples.

Voulez-vous un exemple plus relevé que les chansons d'un rossignol ? Voyez cette petite fille qui joue à la poupée, et qui, suivant le poëte,

> ..... N'a l'âme occupée
> Que du continuel souci
> Que l'on ne fâche sa poupée...

Voici trois buts importants de ce très-sérieux amusement : 1° l'enfant joue ainsi pour s'amuser ; 2° elle charme ses parents, augmente leur tendresse pour elle, et les récompense de leur dévouement, en attendant qu'elle soit récompensée de même quand son tour sera venu ; 3° elle prélude, quelquefois sciemment, aux fonctions sacrées de la maternité. Et cette énumération des utilités de la poupée est certainement incomplète. Dira-t-on que le développement anticipé de l'instinct maternel a une importance qui réduit à rien les autres fonctions de cet amusement ? Ce serait une erreur grave. Une autre erreur plus grossière serait celle d'un philosophe grincheux qui, excédé par les amusements de sa petite fille, oserait dire que les poupées ne sont point destinées à charmer les parents mais à les ennuyer. Si cela vous ennuie, c'est qu'il vous manque un sens, ou bien, c'est que la vieillesse vous a raccorni le cœur. Si vous pouvez voir ces jeux sans être charmé, vous allez de pair avec ce pauvre homme qui se plaignait du voisinage d'un beau jardin, où il y avait « un tas de rossignols qui « ne font que gueuler toute la nuit. » Mais la pire de toutes les erreurs au sujet des poupées, ce serait de nier toute cause finale, toute volonté prévoyante et puissante manifestée par ces jeux. Enfin il faudrait dire si l'on pense que QUELQU'UN a donné aux petites filles ce goût des poupées, dans l'intention arrêtée de réaliser les résultats importants qu'il assure, ou bien si l'on croit que c'est par hasard. — Ces considérations, quoique appliquées à deux exemples particuliers seulement, ne pèchent point par défaut de généralité ; car elles s'appliqueraient aisément, *mutatis mutandis,* à une infinité de questions analogues. Concluons que les causes finales tendent souvent à des buts multiples ; et s'il arrive qu'elles en manquent quelques-uns, cela ne prouve rien contre l'existence constante et la puissance ordinaire des causes finales en général.

En principe, toute cause finale suppose que QUELQU'UN (une personne, une âme quelconque) : 1° *sait* ce qu'il faut faire pour atteindre tel but, 2° *peut* réaliser les conditions de ce but, et 3° *veut* user de cette puissance. Prévoyance, puissance, volonté, voilà les trois chapitres de l'étude complète de toute cause finale.

Or il y a des gens qui, croyant *à priori* aux causes finales, ne s'inquiètent pas de l'étude des moyens qui sont un article essentiel du chapitre de la prévoyance, et s'effraient mal à propos de l'audace des savants qui se livrent à cette étude. D'autre part, ces chercheurs poursuivent souvent, comme but suprême, la découverte de moyens purement physiques ou mécaniques, c'est-à-dire fatals, qui exclueraient comme inutile la prévoyance et la volonté, et par suite l'existence même de ce quelqu'un, qui doit savoir, pouvoir et vouloir. De ce côté, ce sont des gens actuellement sans foi, qui ne se résoudront pas volontiers à reconnaître l'existence de cette prévoyance et de cette puissance volontaire ; mais de l'autre côté ce sont des gens de peu de foi, qui ont peur de sentir leur foi ébranlée. Avec une foi plus solide, ils encourageraient la recherche des moyens, ils y travailleraient eux-mêmes (comme quelques-uns le font avec succès), ou bien ils diraient tranquillement à leurs adversaires : Travaillez, messieurs, analysez, comparez, vérifiez, suez du front ; décrivez des détails, groupez-les en ensembles partiels, enchaînez ceux-ci en faisceaux de plus en plus étendus, harmonieux et simples ; dissertez sur ce monde qui a été livré à vos disputes, nous sommes sans crainte. Car d'avance nous savons de science certaine que, chaque fois que vos disputes feront un pas, chaque fois que vous trouverez la solution vraie d'un des problèmes innombrables qui vous occupent, il en sortira une preuve plus éclatante de la vérité de notre foi spiritualiste. Plus vous découvrirez des moyens simples et rationnels employés par les causes pour atteindre leurs fins, et plus aussi la prévoyance, la volonté, la liberté qui constituent ces causes deviendront manifestes, et vous aurez trouvé ce que vous ne cherchiez pas, mais ce que nous attendions avec confiance. Si bien que vous-mêmes, à commencer par les plus forts d'entre vous, par les plus libres de tout préjugé,

vous viendrez à nous pour rendre hommage avec
nous aux causes finales, depuis la plus infime jusqu'à la Cause suprême inclusivement.

Mais cette ouverture ne peut être ici qu'un hors-d'œuvre, une simple digression, à peine un léger aperçu.
Une exposition convenable de la doctrine des causes
finales exigerait un grand livre, pour lequel des années de méditations des plus profonds philosophes
spiritualistes ne seraient pas de trop. Je m'arrête
donc ici, et je reviens à ma petite question de mécanique rationnelle.

*La somme universelle des travaux et des forces vives
est-elle absolument invariable ?* — La loi générale de la
dynamique admise par les géomètres affirme que
l'univers tout entier contient une certaine quantité
constante de matière, animée d'une certaine quantité
de travail, ou d'énergie, ou de force vive (expressions
synonymes) ; que, dans les phénomènes purement
physiques, cette provision universelle de travail mécanique change seulement de distribution, sans changer
de somme totale, pourvu que cette somme embrasse
l'univers entier, et pourvu aussi que jamais aucun
élément matériel n'éprouve un changement d'état fini
et rigoureusement instantané. Il est vrai aussi que
cette absence complète de changements rigoureusement instantanés exige que les atomes absolus de
la matière soient des points matériels sans dimen-

sion, et par suite qu'il y ait entre eux des forces agissant à distance, sans intermédiaire physique ; or cette conséquence est rejetée *à priori* par des savants du premier ordre qui, sur tout le reste, sont sans contredit d'excellents esprits. A quelque opinion que l'on s'arrête sur ce point, il me semble nécessaire de reconnaître que les substances non matérielles douées de volonté, qui agissent dans le règne animal tout entier, créent continuellement à neuf des quantités de travail, très-petites probablement, mais qui ne sont pas nulles. Une fois créés, ces travaux volontaires se conservent, aux mêmes conditions que les autres travaux mécaniques plus anciens.

Ainsi les explications de la constitution mécanique de l'univers doivent dire si la loi admise pour représenter la dynamique générale est parfaitement exacte, ou bien si ce n'est qu'une approximation, le plus souvent suffisante dans les applications à des questions partielles, mais foncièrement un peu inexacte.

Et puisqu'il y a continuellement du travail créé à neuf par les volontés, ce travail neuf s'accumule-t-il indéfiniment dans l'univers? Ou bien cette création continue de travail nouveau est-elle compensée, exactement ou non, par les destructions de travail qui ont lieu dans les rencontres d'atomes absolument durs et de dimensions très-petites, mais finies ?

Je demande que les savants à la fois géomètres,

physiciens et philosophes, abordent ces questions ardues. Combien y a-t-il de ces savants (1)? Pour ma

(1) Vers 1840, peut-être en 1843, je lus en province, dans le feuilleton scientifique du *National*, une analyse d'un mémoire présenté par M. Lamé à l'Académie des sciences, dont ce savant n'était pas encore membre. Il s'agissait de proposer une explication de l'origine de la pesanteur. M. Lamé la faisait dériver de la répulsion de l'éther, en admettant que les atomes de l'éther se repoussent entre eux et repoussent les atomes pesants, et que deux atomes pesants quelconques, en s'abritant mutuellement contre les répulsions d'une partie de l'éther, se trouvaient poussés l'un vers l'autre par la suppression de la répulsion dans l'intérieur d'un cône très-aigu, enveloppant ces deux atomes dans ses deux nappes. Dans le même mémoire, M. Lamé admettait l'existence d'un seul fluide électrique, identique avec l'éther dont les vibrations sont perçues par nos yeux dans la lumière. — En réfléchissant à ce système de physique, alors absolument nouveau pour moi, je fus conduit à projeter certaines expériences ; et dans l'automne de 1843 je présentai à M. Lamé une note sur ces expériences projetées. Mais M. Lamé me répondit qu'il avait renoncé à s'occuper de tout système universel de physique, pour se livrer entièrement à des études de géométrie pure ; que son mémoire sur l'origine de la pesanteur avait failli l'empêcher d'entrer à l'Académie ; que des savants en grand crédit (que je ne nommerai pas) lui avaient fait à ce propos des reproches sérieux, parce que de telles recherches leur semblaient convenir à des philosophes, à des métaphysiciens, et qu'elles étaient incompatibles avec ce qui constitue un vrai savant. — Cependant je vis bien que M. Lamé n'avait renoncé que malgré lui à ses profondes études sur l'unité de la physique universelle ; mais il fallait obéir au ton qui régnait alors dans les sciences mathématiques et physiques...

Que faut-il inférer de cette anecdote? M. Lamé était-il le seul penseur de ce temps-là que la tyrannie des opinions dominantes tînt éloigné des problèmes fondamentaux de la physique? Je n'en crois rien. Et peut-être, aujourd'hui même que des aperçus d'une profondeur incontestable ont rendu quelque liberté aux recherches de cet ordre, il y a gros à parier que plus d'un des savants qui forment l'avant-garde de l'armée scientifique n'oserait pas exposer le fond de sa pensée. On peut seulement espérer que la théorie mécanique de la chaleur, en forçant les savants à une révision complète de toutes les branches de la physique, mettra fin à ce discrédit regrettable, où les idées les plus générales ont été maintenues trop

part, j'en pourrais nommer deux, car je connais de
l'un quelques phrases trop brèves qu'il a données de
temps en temps dans les *Mondes*, et de l'autre un livre
de premier ordre sur l'*Unité des forces physiques*.
D'une part, ce sont des éclairs brillants mais trop
courts ; et de l'autre, ce n'est qu'une étude cons-
ciencieuse, dont la conclusion est encore à venir. Je
serais fier si j'avais le crédit d'appeler l'attention de
ces deux savants sur les questions telles que je les
pose, en laissant la présente étude absolument ina-
chevée.

D'ailleurs, si j'en crois des symptômes nombreux
qui apparaissent de temps en temps, surtout depuis
quelques années, l'époque actuelle semble favorable
aux études de cet ordre. Dans tous les rangs, à tous les
grades de cette armée incohérente qui travaille à faire
la science, les idées unitaires fermentent et germent
dans le secret de la pensée. Le plus souvent, quand
une découverte apparaît au jour de la publicité, il se
trouve que la même idée était sur le point d'éclore
entre les mains de nombreux chercheurs qui la cou-
vaient en silence ; personne n'en parlait, mais
beaucoup de gens y pensaient. Et si quelque cher-
cheur s'aventure à exposer prématurément ses étu-

---

longtemps, par l'esprit exclusif des spécialistes. Le spécialisme poussé
à l'excès est assurément une voie d'abrutissement des plus dange-
reuses.

des commencées, avant même d'avoir fait un pas décisif, les esprits étroits pourront bien critiquer comme inutile cette exposition prématurée ; mais cette prétendue inutilité n'est qu'une erreur, lors même qu'elle s'appuie sur la preuve d'erreurs manifestes, soit dans les détails, soit dans l'ensemble. Car ces expositions prématurées ont au moins l'avantage de provoquer celle des études analogues encore inconnues du public, et d'accélérer l'incubation secrète des futures découvertes. Tel est surtout le but véritable et modeste que je me suis proposé, en publiant dès aujourd'hui des pensées qui datent de plusieurs années, et qu'il ne me sera certainement pas donné de compléter dans le peu de jours qui me restent.

J'en resterai donc là, en souhaitant à mes lecteurs (si j'en ai) un tout petit peu de cette curiosité infinie et de cette pénétration miraculeuse qu'ils peuvent admirer tous les jours, s'ils daignent prendre la peine d'observer attentivement le premier venu des petits enfants qui apprennent à parler, et s'ils savent deviner la méthode inconnue, très-logique, très-régulière, toujours la même, de l'épanouissement de ces jeunes intelligences.

L'OEUVRE DE DIEU

Corrigée par LAPLACE

ou

LE MONDE SENS DESSUS DESSOUS

La Genèse affirme de la manière la plus formelle qu'entre les diverses fins de sa création, la lune a pour destination d'éclairer la terre pendant la nuit (*Genèse*, ch. 1ᵉʳ, v. 24) : « Qu'il soit fait deux luminaires dans le firmament du ciel, qu'ils séparent le jour de la nuit, et qu'ils servent à indiquer les TEMPS, LES JOURS ET LES ANNÉES, *qu'ils luisent dans la nuit et qu'ils éclairent la terre.* Dieu fit donc deux grands luminaires, l'un plus brillant pour présider au jour, l'autre moins brillant pour présider à la nuit. Et il les a placés dans le firmament du ciel *pour luire sur la terre.* » Suivant la Genèse, la lune a donc été créée en partie pour éclairer la terre ; et s'il est un fait palpable dans le monde, c'est que la lune éclaire la terre, et que sa lumière est utile à l'homme, qui la fait servir à plusieurs de ses besoins, d'où la raison tend naturellement à conclure que cet éclairement est une des causes finales de la lune.

Qui aurait cru jamais que ce fait si patent, que cette vérité si simple, seraient l'objet d'un démenti donné de sang-froid par le plus illustre des astronomes mathématiciens du monde, élève autrefois en théologie, arrivé alors au faîte de la gloire, mais égaré, hélas! et incrédule. Voici cependant que, page 233 du *Système du monde*, sixième édition de 1835, Laplace s'est laissé allé à dire : « Quelques partisans des causes finales *ont imaginé* que la lune avait été donnée à la terre pour l'éclairer pendant les nuits. Dans ce cas, LA NATURE N'AURAIT PAS ATTEINT LE BUT QU'ELLE SE SERAIT PROPOSÉ, puisque souvent nous sommes privés à la fois de la lumière du soleil et de celle de la lune. » Ce dernier membre de phrase est étrange ; le soleil et la lune évidemment ne peuvent pas et ne doivent pas nécessairement éclairer en même temps la terre : parler de leur éclairement simultané, c'est par trop naïf! Mais cette naïveté n'est rien auprès de la négation formelle ou explicite du fait que la lune a été donnée à la terre pour l'éclairer. Laplace ne s'est pas contenté de donner à la nature, c'est-à-dire à Dieu, un démenti formel, il a tenu à lui faire la leçon, car il ajoute :

« Pour y parvenir, pour faire de la lune un lumi-

« naïre de la terre, il EUT SUFFI de mettre à l'origine la

« lune en opposition avec le soleil dans le plan même

« de l'écliptique, à une distance de la terre égale à

« la centième partie de la distance de la terre au so-

« leil, et de donner à la lune et à la terre des vitesses

« parallèles proportionnelles à leurs distances à cet

« astre. Alors la lune, sans cesse en opposition avec

« le soleil, eût décrit autour de lui une ellipse sem-

« blable à celle de la terre. Les deux astres se se-

« raient succédé l'un à l'autre sur l'horizon, et comme

« à cette distance la lune n'eût point été éclipsée, sa

« lumière aurait complétement remplacé celle du

« soleil. »

Remarquons en passant ce paralogisme étrange.

La Genèse ne dit nullement que la lune doive éclairer la terre pendant toutes les nuits, ou que sa lumière succède chaque jour à celle du soleil ; elle se contente de dire que la lune préside à la nuit, éclaire la terre pendant une partie de la nuit. Mais acceptons le démenti dans toute sa portée, et supposons que le but à atteindre fût en effet d'assurer sans cesse à la terre l'éclairage par la lune, dans toutes les nuits. La solution de Laplace est-elle au moins vraie, et ce qu'il annonce se serait-il produit ?

Il s'agit ici d'un cas du célèbre problème des trois corps que les géomètres sont loin d'avoir résolu d'une manière complète et générale, mais d'un cas très-

simple en apparence. Laplace, dans le chapitre vi du
X⁰ livre de la *Mécanique céleste*, formule mieux et
l'énoncé du problème et sa solution.

Le Révérend père Caraffa, professeur de mathématiques transcendantes du collége Romain, mon con-
frère et mon ami, appliqua le premier les formules
mêmes de la mécanique céleste de Laplace à la dis-
cussion de ce problème, et parvint sans peine à démontrer (dans une dissertation imprimée à Rome en
1825, sous ce titre : *Paucis expenditur clarissimi Laplace opinio de illorum sententia qui lunam conditam
dicunt ut noctu tellurem illuminet*) que le système des
trois corps ainsi placés éprouverait infailliblement
des perturbations de la part des autres planètes,
et que dans ces conditions l'opposition de la lune au
soleil ne pourrait subsister à toute époque, mathéma-
tiquement, et d'une manière absolue.

Mais cette conclusion se tenait trop dans le vague,
le démenti de Laplace restait jusqu'à un certain point
debout. La bonne Providence a voulu que l'audace du
géomètre fût plus solennellement et plus sévèrement
punie.

La thèse du Révérend père Caraffa m'avait été
envoyée, et elle tomba entre les mains d'un des plus
célèbres élèves de l'école de Laplace, M. Liouville,
géomètre éminent, et en même temps esprit indépen-
dant, que le côté religieux de la question ne préoccu-

pait en aucune façon. Le problème proposé l'intéressa : il voulut le résoudre à son tour, mais d'une manière complète; et c'est de sa main qu'est parti le caillou qui frappe au front le nouveau Goliath, décapité aussi par sa propre épée.

Sa solution fait l'objet d'un mémoire présenté à l'Académie des sciences dans la séance du 4 avril 1842, et imprimé dans les additions à la *Connaissance des temps* pour 1845. La voici dans ce qu'il y a d'essentiel :

« Pour l'exactitude absolue de la proposition énoncée par Laplace, il faut qu'à l'origine du temps, la relation entre les masses et les distances et la proportionnalité de ces dernières aux vitesses aient été rigoureusement vérifiées, ainsi que le parallélisme des vitesses ; il faut de plus qu'aucune cause perturbatrice ne vienne par la suite troubler le mouvement, CE QU'ON NE PEUT PAS ADMETTRE. » A la vérité, si le système que nous considérons est un système stable qui tende à revenir de lui-même à son état régulier de mouvement, cette remarque aura peu d'importance. Il faudrait, sans doute, avoir égard aux petits dérangements occasionnés par les diverses causes dont l'effet n'est pas insensible ; mais cela n'empêcherait pas la lune d'être toujours à très-peu près sur le prolongement de la droite qui joint le soleil à la terre. Or, en tenant compte de la réfraction, on voit qu'un

certain écart de la lune de cette droite ne l'empêcherait pas d'éclairer la terre pendant la totalité de chaque nuit. Au contraire, si l'état de mouvement dont
nous avons parlé plus haut est instable, s'il tend à
se détruire lui-même, de plus en plus, dès qu'il a
éprouvé de légers dérangements, et c'est, en effet, ce
qui a lieu, alors il faudra reconnaître que ce genre
de mouvement ne peut pas exister d'une manière
permanente dans la nature... Le problème qu'il fallait résoudre, et que je traite dans mon mémoire, est
celui-ci : *Trois masses étant placées non plus rigoureusement, mais à très-peu près dans les conditions
énoncées par Laplace, on demande si l'action réciproque
des masses maintiendra le système dans cet état particulier de mouvement, ou si elle ne tendra pas au contraire à l'en écarter de plus en plus.* Pour le résoudre
d'après les méthodes ordinairement suivies dans les
questions de ce genre (les méthodes mêmes de Laplace), j'ai dû considérer les équations différentielles
lunaires qui se sont trouvées être à coefficients variables, même en négligeant, comme on pouvait le faire
ici, l'excentricité de l'orbite terrestre. Une transformation simple m'a conduit ensuite à des équations à
coefficients constants que j'ai pu intégrer. L'intégration terminée, J'AI RECONNU QUE LES EFFETS DES CAUSES
PERTURBATRICES, LOIN D'ÊTRE CONTRE-BALANCÉS, SONT AU
CONTRAIRE AGRANDIS D'UNE MANIÈRE RAPIDE PAR LES

ACTIONS MUTUELLES DE NOS TROIS MASSES : cette conclusion subsiste quels que soient les rapports de grandeur des masses. SI LA LUNE AVAIT OCCUPÉ A L'ORIGINE LA POSITION PARTICULIÈRE QUE LAPLACE INDIQUE, ELLE N'AURAIT PU S'Y MAINTENIR QUE PENDANT UN TEMPS TRÈS-COURT.

Quel coup de foudre! Quelle preuve aussi que le monde soli-terri-lunaire a été organisé par une intelligence infiniment supérieure à celle de Laplace!

Et puis, quelle étrange idée que de vouloir que la lune soit toujours en opposition avec la terre, et l'éclaire pendant toutes les nuits! C'est presque fermer la porte aux plus intéressants des phénomènes et aux plus essentielles lois de l'astronomie. C'est supprimer la précession des équinoxes et la nutation, faire disparaître les marées, ou du moins modifier dans une proportion énorme les élévations des eaux de la mer; c'est supprimer les éclipses de soleil et de lune, qui sont cependant, suivant le langage éloquent de Képler, *les pédagogues des astronomes,* en ce sens qu'ils sont surtout initiés par elles à la prédiction des mouvements des corps célestes. Jamais, disait Riccioli, la chronologie ne serait sortie des labyrinthes ténébreux qu'elle a si souvent rencontrés sur ses pas, si elle n'avait pas eu pour guide les éclipses dont les historiens avaient conservé le souvenir.

Ce n'est pas tout, Laplace en était venu à dédaigner le secours éminent que la lune apporte à la détermination des latitudes et des longitudes.

Il a cependant dit lui-même (*Système du monde,* p. 71) : « *Le mouvement rapide de la lune est le seul qui* « *puisse servir à la détermination des longitudes terres-* « *tres...* Les erreurs sur la longitude sont d'autant « moindres que le mouvement de l'astre est plus « rapide ; ainsi les observations de la lune périgée sont « préférables à celles de la lune apogée. Si l'on em- « ployait le mouvement du soleil, treize fois environ « plus lent que celui de la lune, les erreurs sur la « longitude seraient treize fois plus grandes ; d'où il « suit que, de tous les astres, la lune est le seul dont « le mouvement soit assez prompt pour servir à la « détermination des longitudes en mer. »

Et c'est après avoir prononcé cet arrêt que, dans son organisation des trois corps, Laplace se résigne à animer la lune d'une vitesse treize fois plus petite, ou à réduire son mouvement diurne au mouvement diurne du soleil, déclaré par lui insuffisant !

Le R. P. Caraffa a fait encore cette remarque capitale : dans l'hypothèse de Laplace, la troisième loi de Kepler ne serait plus vérifiée pour la terre et la lune, et le système du monde serait par conséquent profondément troublé.

Mais est-il vrai que, dans les conditions assignées par Laplace, la lune éclairerait mieux la terre ? Elle serait à une distance **de** nous près de quatre fois plus grande ; elle nous enverrait donc une lumière seize fois moins intense, une lumière atténuée dans une proportion énorme, et que les moindres nuages éteindraient. Rien ne serait attristant comme cette pâleur extrême de l'astre des nuits !

Un astronome et géomètre de second ordre, Francœur, s'est fait en ces termes l'écho de son maître : *Uranographie* (3e édition, p. 94) : « Considérant que « les ténèbres de la nuit ne sont pas toujours dissipées « par la présence de la lune, qui N'ÉCLAIRE ENVIRON QUE « LE QUART DU TEMPS OU LE SOLEIL EST ABSENT, on voit « combien est dénuée de fondement l'opinion qui « suppose que ce satellite a été donné à la terre pour « éclairer ses nuits. Si sa destination eût été conforme « à cette hypothèse, la lune aurait dû se trouver sans « cesse en opposition au soleil, ET JAMAIS ÉCLIPSÉE. Si « au contraire la lune eût été placée en conjonction « avec le soleil dans les mêmes conditions de vitesse, « mais assez proche de nous pour nous cacher cet « astre, nous aurions été dans une nuit éternelle. »

Que veut dire le pauvre Francœur ? Il se trompe d'abord volontairement en affirmant que la lune n'éclaire la terre qu'environ le quart du temps où le soleil est couché. Il résulte du tableau dressé par Riccioli et par d'autres que la lune éclaire la terre PENDANT LA MOITIÉ, à très-peu près, du temps pendant lequel le soleil reste sous l'horizon. La moitié n'est pas le quart, surtout pour un géomètre! Et pourquoi s'amuser à nous menacer d'une nuit éternelle au cas où les deux astres éclaireurs auraient été placés en conjonction, quand il est certain que, à cette distance, la petitesse de la lune l'aurait rendue impuissante à arrêter les **rayons** que le soleil envoie à la terre?

Mais il est une autre raison, passée sous silence par le R. P. Caraffa comme par M. Liouville, et qui fait de l'insurrection de Laplace contre les causes finales un véritable suicide!

Faire succéder à la variété l'uniformité d'une nuit éternellement obscure ou éternellement éclairée, c'est déjà attenter à la nature de l'homme, pour qui le changement est absolument nécessaire!!!

Mais faire briller la lune dans le ciel pendant toutes les nuits, c'est rendre l'astronomie impossible, ou du moins amoindrir son domaine dans une proportion énorme.

Quoique Laplace la rendît beaucoup plus faible, la lumière de notre satellite aurait dérobé à nos regards une multitude de corps célestes, et des plus mystérieux et des plus intéressants, les étoiles

au-dessous d'une certaine grandeur, et par conséquent presque toutes les petites planètes, le plus
grand nombre des comètes, des étoiles colorées,
des étoiles variables, des nébuleuses, etc., etc.

Même avec ses vicissitudes et ses phases actuelles,
la lune est un trouble-fête pour les astronomes, en ce
sens qu'elle les condamne au repos quand ils seraient
si désireux de continuer des observations commencées,
ou de surveiller l'apparition d'un astre annoncé à
l'avance. Que serait-ce donc s'ils ne pouvaient jamais
échapper à sa tyrannie ?

Convenez-en donc, le grand Laplace a été bien mal
inspiré ; il a renversé ce qu'il aurait dû adorer ; il
s'est suicidé, puisque c'est avec ses propres armes que
ses élèves ont relevé ses grosses erreurs ! Cette sortie,
en définitive, est une véritable aberration d'esprit.

Me voici donc bien autorisé à dire que la foi est le
garde-fou de la science.

Admirons de nouveau avec une plus pleine entente
de leur signification ces paroles de la Genèse, si
pleines dans leur simplicité : « Qu'il soit fait deux
luminaires dans le firmament ; qu'ils divisent le jour
et la nuit ; qu'ils soient dans le ciel DES SIGNES (nul ne
sait la signification vraie et entière de ce mot, que je
serais tenté de traduire par signaux : dans la détermination des latitudes et longitudes, les astres sont de véri-

tables signaux), et qu'ils servent à marquer le temps, les années et les jours. Qu'ils luisent dans le firmament et qu'ils éclairent la terre. Et il fut fait ainsi... Et Dieu vit que cela était bien. » Ici la synthèse est complète, toutes les destinations du soleil et de la lune, alternative des levers et des couchers, éclairement, usages astronomiques, géographiques, chronologiques, tout est parfaitement indiqué en quelques mots. (*Splendeur* !)

Et cette merveilleuse harmonie des cieux, cette stabilité en quelque sorte absolue dont la constatation a été sa gloire la plus pure, que lui, homme cependant de génie, n'avait pas pu réaliser dans le cas le plus simple du problème des trois corps, n'avaient pas arraché à Laplace un cri d'adoration et d'amour. Il feignit même d'ignorer, disons plus, de dédaigner Dieu, dans une circonstance solennelle.

On sait l'horreur que le grand Napoléon avait pour l'athéisme ! avec quelle joie, quelle reconnaissance, il avait salué l'apparition du *Génie du christianisme* de Chateaubriand et des *Révolutions du globe* de Cuvier... Il aurait voulu que Laplace, entrant dans cette même voie de régénération et de réconciliation de la science avec la religion, développât à son tour avec sa science si profonde le grand fait énoncé par le Roi-Prophète : « Les cieux racontent la gloire de Dieu, et le firma-

ment dit bien haut qu'il est l'œuvre de ses mains. »
Dans cette pensée, qui lui fait le plus grand honneur,
Napoléon invita un jour Laplace et Cuvier à dé-
jeuner en tête-à-tête, avec lui seul, aux Tuileries. La
conversation fut très-animée ; le premier consul redit
avec plus d'effusion encore le plaisir que lui avait fait
éprouver la lecture des deux chefs-d'œuvre qu'il
considérait comme une des gloires de son règne,
puis, se tournant vers l'illustre géomètre, il lui dit :
« Et vous, M. Laplace, qui avez arraché au ciel tant
de secrets, ne chanterez vous pas aussi bientôt votre
hymne à la gloire du Dieu créateur ? — Sire, répondit
fièrement et froidement l'auteur de la *Mécanique céleste et du calcul philosophique des probabilités*, J'AI PU
CONSTITUER ET EXPLIQUER LES CIEUX SANS MÊME RECOURIR
A L'HYPOTHÈSE DE L'EXISTENCE DE DIEU ! »

Langage impie sorti du cœur, mais non de l'esprit
du géomètre égaré par l'orgueil, et qui contrista profondément la grande âme du souverain.

Napoléon rappela cette triste profession d'athéisme
dans ses *Conversations de Sainte-Hélène*, sans cacher
non pas seulement le mécontentement, mais le désap-
pointement qu'elle lui avait causé.

On était alors en pleine restauration. Laplace était
pair de France, ayant prêté serment à un roi Très-
Chrétien. Cette publication inattendue l'inquiéta vivement, et il implora pour la faire disparaître d'une

seconde édition l'intervention de François Arago auprès du général comte Bertrand, auteur du manuscrit
de Sainte-Hélène.

Arago usa de finesse, et voulut avant tout savoir si
Laplace avait réellement prononcé cette trop fameuse
négation de l'hypothèse de l'existence de Dieu, et s'il
la rétractait.

Laplace, puérilement fier de ce qu'il considérait
comme un mot spirituel, ne voulut ni l'avouer, ni la
désavouer, et Arago n'intervint pas. Je tiens cette
anecdote de François Arago lui-même.

Au lieu du livre que Napoléon Bonaparte lui de-
mandait, Laplace fit le *Système du monde*, qui n'en
est pas moins, malgré l'écart étrange que nous avons
relevé, un traité de l'harmonie mathématique des
cieux, et le *Calcul philosophique des probabilités*, dont
on a tant abusé, qui a fourni, comme nous l'avons
dit plus haut, aux Haeckel, aux du Bois-Reymond et
à tant d'autres la ridicule idée de leur intelligence
exaltée, de leur équation fantastique, qui doivent,
pour chaque instant donné, assigner la date de tous
et de chacun des faits du monde physique, physiologi-
que, moral, et faire disparaître de la surface de la
terre toute notion d'éventualité et de liberté.

Cauchy, le plus cher et le plus illustre disciple de

Laplace, mais aussi profondément chrétien que son maître était incrédule, par affectation, n'a pas hésité à dire, dans les *Leçons de physique générale :*

« L'esprit de l'homme est sujet à l'erreur. Combien de fois n'est-il pas arrivé que des faits aient été mal observés, et que de raisonnements inexacts on ait tiré, même dans les sciences purement mathématiques, sur la foi des géomètres les plus habiles, des conséquences rejetées ensuite comme incomplètes et même fausses ! Un savant pourrait donc craindre de s'égarer, même dans l'établissement des théories qui lui paraîtraient les plus incontestables ; et, s'il est raisonnable, il prendra toutes les précautions nécessaires pour se rassurer à cet égard. Premièrement, il soumettra le fruit de ses veilles à l'examen et à l'autorité des autres savants ; quand il verra ses expériences répétées avec succès, ses théories généralement admises par ceux qui cultivent les mêmes sciences, il pourra se confier davantage à ses propres lumières, et se flatter d'être parvenu à la vérité ! Ce n'est pas assez encore : S'IL CHERCHE VRAIMENT LA VÉRITÉ, QU'IL REJETTE SANS HÉSITER TOUTE HYPOTHÈSE QUI SERAIT EN CONTRADICTION AVEC LES VÉRITÉS RÉVÉLÉES. CE POINT EST CAPITAL, JE NE DIRAI PAS DANS L'INTÉRÊT DE LA RELIGION, MAIS DANS L'INTÉRÊT DES SCIENCES. C'EST POUR AVOIR NÉGLIGÉ CETTE VÉRITÉ QUE QUELQUES SAVANTS ONT EU LE MALHEUR DE CONSUMER EN VAINS EFFORTS UN

TEMPS PRÉCIEUX QUI AURAIT ÉTÉ EMPLOYÉ A FAIRE D'UTILES DÉCOUVERTES. »

Les douloureuses aberrations de Laplace prouvent trop que Cauchy avait raison. Oui, la Foi est la sauvegarde, j'oserais presque dire le garde-fou de la science.

FIN.

St-Denis. — Imp. Ch. Lamert, 17, rue de Paris.

LIBRAIRIE SCIENTIFIQUE

DU JOURNAL

LES MONDES

18, rue du Dragon, à Paris.

Les ouvrages annoncés ci-dessous seront adressés *franco par la poste*, sans augmentation de prix, à toute personne qui en enverra le montant par *lettre affranchie*, en un mandat-poste ou en timbres.

— OCTOBRE 1878 —

LES MONDES

REVUE HEBDOMADAIRE DES SCIENCES

ET DE LEURS APPLICATIONS AUX ARTS ET A L'INDUSTRIE

Par M. l'abbé **MOIGNO**

Paraissant tous les Jeudis, par liv. de 48 p. in-8, fig. interc. dans le texte et formant chaque année 3 forts vol. de près de 800 pages.

13ᵉ ANNÉE

Prix des abonnements pour un an :

PARIS	**25** fr.	ÉTRANGER	**32** fr.
DÉPARTEMENTS.	**30** fr.	PAYS D'OUTRE-MER. . . .	**45** fr.

La collection complète depuis son origine, janvier 1863, jusqu'au 31 décembre 1874, 12 années complètes. — 35 vol. grand in-8°, avec figures, brochés ; prix : **275** fr. — Chaque année, composée de 3 vol., se vend séparément 25 fr. (à l'exception de la 8ᵉ année, qui n'a que 2 vol., et dont le prix n'est que de 17 fr.).

COSMOS, revue encyclopédique hebdomadaire du progrès des sciences et de leur application aux arts et à l'industrie, par M. l'abbé Moigno. — Depuis son origine, juillet 1852, jusqu'au 31 décembre 1862, 21 vol. grand in-8°, brochés : 125 fr.

ACTUALITÉS SCIENTIFIQUES
PUBLIÉES PAR M. L'ABBÉ MOIGNO.

—

PREMIÈRE SÉRIE

—

Saint-Denis. — Imp. Ch. Lambert, 17, rue de Paris.